Vamsi Krishna Kukkapalli
Bhargav Reddy Karri

Arrefecimento de baterias de veículos eléctricos com nanofluidos

Vamsi Krishna Kukkapalli
Bhargav Reddy Karri

Arrefecimento de baterias de veículos eléctricos com nanofluidos

"Melhorar o arrefecimento das baterias dos veículos eléctricos: Revisão dos nanofluidos e inovações para uma melhor gestão térmica"

ScienciaScripts

Imprint

Any brand names and product names mentioned in this book are subject to trademark, brand or patent protection and are trademarks or registered trademarks of their respective holders. The use of brand names, product names, common names, trade names, product descriptions etc. even without a particular marking in this work is in no way to be construed to mean that such names may be regarded as unrestricted in respect of trademark and brand protection legislation and could thus be used by anyone.

Cover image: www.ingimage.com

This book is a translation from the original published under ISBN 978-620-6-78488-3.

Publisher:
Sciencia Scripts
is a trademark of
Dodo Books Indian Ocean Ltd. and OmniScriptum S.R.L publishing group

120 High Road, East Finchley, London, N2 9ED, United Kingdom
Str. Armeneasca 28/1, office 1, Chisinau MD-2012, Republic of Moldova, Europe
Printed at: see last page
ISBN: 978-620-7-01891-8

Conteúdo

Autores e afiliações: [Vamsi Krishna Kukkapalli, Universidade do Alasca Fairbanks, Bhargav Reddy Karri, Universidade de Clemson]

Resumo

A ascensão meteórica dos veículos eléctricos exigiu sistemas de gestão de calor modernos e inovadores para utilização nos seus conjuntos de baterias. O desempenho e a longevidade destas baterias estão intrinsecamente ligados à sua temperatura de funcionamento, necessitando de soluções de arrefecimento eficazes para gerir consistentemente as altas temperaturas. Os nanofluidos surgiram como uma tecnologia promissora para melhorar a dissipação de calor com as suas propriedades térmicas únicas. Com ênfase na investigação e nos desenvolvimentos mais recentes, esta revisão analisa minuciosamente os avanços e as tendências mais recentes na utilização de nanofluidos para a gestão da temperatura das baterias de veículos eléctricos.

Esta investigação apresenta uma panorâmica dos nanofluidos e das suas potenciais utilizações. Ao utilizar nanofluidos para arrefecer os sistemas de baterias de veículos eléctricos, a sua eficiência e segurança podem ser significativamente melhoradas. A revisão da investigação revelou que há três componentes principais que estão a ser focados: a composição do nanofluido, o método de arrefecimento (diferentes tipos de arrefecimento ativo e passivo) e a estratégia de gestão térmica. A composição do nanofluido continua a ser objeto de grande debate, não havendo ainda consenso sobre o melhor nanofluido. Quanto ao método de arrefecimento, os tubos de calor são mais populares devido à sua relativa simplicidade, mas os métodos de arrefecimento ativo são mais eficazes.

A estratégia de gestão térmica é vital com este último método, uma vez que pode afetar a utilização de energia e a temperatura da bateria. Por último, são também discutidas as limitações dos nanofluidos e recomenda-se que os estudos futuros se centrem na estabilidade, no custo e no impacto ambiental dos nanofluidos.

Palavras-chave: Veículo elétrico (VE), Conjunto de baterias, Sistema de arrefecimento, Geração de calor, Gestão térmica, Arrefecimento baseado em nanofluidos.

Introdução

A mudança global para soluções energéticas sustentáveis, impulsionada pela urgência das alterações climáticas e pela iminência de crises energéticas, levou à descarbonização de várias indústrias, incluindo o sector dos veículos eléctricos (VE) [1]. Esta transição dos tradicionais motores de combustão para a energia eléctrica é uma resposta à aspiração global de um futuro mais verde e uma estratégia para reduzir significativamente o consumo de combustíveis fósseis. A redução dos combustíveis à base de carbono contribui diretamente para a diminuição das emissões de gases com efeito de estufa, reduzindo assim o impacto ambiental do sector dos transportes [2]. No entanto, esta transformação monumental é dificultada por complexidades técnicas. Entre os inúmeros desafios, o mais crítico é a gestão eficaz do calor dentro do conjunto de baterias do VE [3]. O conjunto de baterias, o coração de um VE, influencia significativamente o desempenho, a longevidade e a segurança do veículo [4]. A energia térmica substancial gerada pode ter consequências graves se não for gerida de forma eficaz. A produção de calor não regulada pode acelerar a degradação, reduzir a eficiência e representar potenciais ameaças à segurança, especialmente em condições de funcionamento severas. Este desafio de gestão térmica sublinha a necessidade de investigação e desenvolvimento rigorosos de sistemas inovadores de gestão térmica concebidos para baterias de veículos eléctricos [5].

Os nanofluidos surgiram como uma solução promissora para este problema [6]. Estas suspensões coloidais artificiais combinam nanopartículas com um fluido de base e melhoram significativamente a eficiência da transferência de calor. O meio compósito resultante apresenta uma condutividade térmica superior e coeficientes de transferência de calor melhorados em comparação com os fluidos de arrefecimento tradicionais [7]. Como tal, os nanofluidos são cada vez mais reconhecidos como potenciais agentes de mudança nos sistemas de arrefecimento, melhorando assim a eficiência das baterias de veículos eléctricos [8].

Devido à sua melhor transmissão de calor e propriedades termofísicas, os nanofluidos podem potencialmente substituir os refrigerantes convencionais atualmente utilizados nos sistemas de arrefecimento de baterias de veículos eléctricos [7]. A poupança de uma pequena quantidade de energia por bateria pode ter um impacto significativo nos custos energéticos globais. Juntamente com as energias renováveis, esta tecnologia poderia oferecer um melhor desempenho, economia e redução da pegada de carbono [8]. As nanopartículas utilizadas para fabricar nanofluidos podem ser provenientes de uma grande variedade de substâncias: óxidos metálicos como a zircónia e a alumina, carbonetos metálicos como o SiC, carbono numa variedade de formas como o fulereno, a grafite e os nanotubos de carbono, metais estáveis como o cobre e o ouro, nitretos metálicos como o SiN e o AIN, cerâmicas de óxidos como o CuO e o Al2O3, e muitos outros [9,10,11]. Nos últimos 20 anos, vários estudos demonstraram como a adição de nanopartículas a um fluido de base num sistema de arrefecimento de baterias de veículos eléctricos pode aumentar a condutividade térmica do sistema [6, 8, 12].

A Figura 1 mostra a condutividade térmica de várias substâncias à temperatura e pressão ambiente. Os sólidos parecem ter uma condutividade térmica cerca de 100 vezes superior à dos fluidos e polímeros. A condutividade térmica mais elevada destes materiais é encontrada no cobre [13-25].

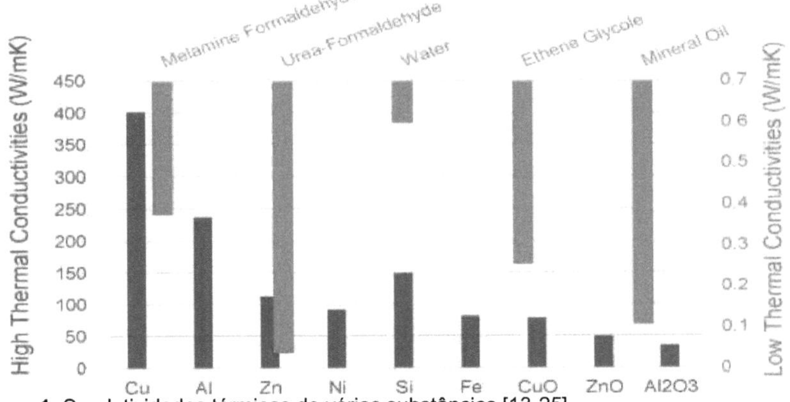

Figura 1: Condutividades térmicas de várias substâncias [13-25]

Os nanofluidos são utilizados em sistemas de arrefecimento porque a sua caraterística mais notável, a elevada condutividade térmica, resulta numa melhor transferência de calor. Os investigadores demonstraram que a utilização de nanofluidos com múltiplas nanopartículas pode aumentar ainda mais a condutividade térmica. Esses nanofluidos são designados por nanofluidos híbridos. Em comparação com os mono-nanofluidos, os nanofluidos híbridos são muito mais sofisticados e têm valores de condutividade térmica mais elevados [26, 27]. Os nanofluidos estão agora a ser utilizados com mais frequência como refrigerantes. Os

nanofluidos têm algumas vantagens em relação aos fluidos de transferência de calor convencionais. Comparando os nanofluidos, as várias características das nanopartículas utilizadas podem influenciar a eficiência da transferência de calor resultante. **A Tabela 1** especifica as propriedades significativas das nanopartículas examinadas na seguinte análise
[28-39]. Esta revisão exaustiva tem como objetivo avaliar criticamente os recentes desenvolvimentos na utilização de nanofluidos para arrefecimento de baterias de veículos eléctricos através de uma explicação sistemática e coerente do assunto, garantindo uma compreensão aprofundada de todos os aspectos envolvidos.

Tabela 1: Propriedades das nanopartículas em estudo [28-39]

Propriedade das nanopartículas	Al_2O_3	CuO	SiO_2	TiO_2	ZnO	Fe_3O_4
Condutividade térmica [W/mK]	35	78	1.4	8.9	49	17.65
Capacidade térmica específica [J/kg K]	880	531	700	686.2	494	104
Densidade [kg/m]^3	3890	6310	2400	4260	5600	5170

A nossa discussão começa com uma análise aprofundada das propriedades intrínsecas dos nanofluidos, das suas variedades e dos mecanismos centrais para melhorar a transferência de calor. Em seguida, investigamos o impacto da gestão térmica nos veículos eléctricos, elucidando as repercussões de uma dissipação de calor insuficiente no desempenho, tempo de vida e segurança das baterias. Esta secção sublinha a necessidade urgente de soluções de arrefecimento eficazes e destaca o potencial dos nanofluidos como substitutos adequados dos fluidos de arrefecimento convencionais. Em seguida, a revisão centra-se nos recentes avanços nos sistemas de arrefecimento baseados em nanofluidos para baterias de veículos eléctricos, fornecendo uma análise abrangente de estudos de caso que esclarecem os benefícios tangíveis, as limitações e os desafios da utilização de nanofluidos. Na secção final, olhamos para o futuro, dissecando os potenciais desafios e identificando as áreas que merecem ser mais exploradas no domínio do arrefecimento de baterias de veículos eléctricos com recurso a nanofluidos. De um modo geral, esta revisão procura fornecer uma compreensão abrangente do papel e do potencial dos nanofluidos na melhoria da transferência de calor para o arrefecimento de baterias de veículos eléctricos. Ao fornecer um mergulho profundo neste assunto, pretendemos enriquecer o discurso em curso e estimular a inovação neste domínio, abrindo assim caminho para um futuro mais eficiente, resiliente e sustentável para a mobilidade eléctrica.

1. Princípios de Nanofluidos e Melhoria da Transferência de Calor

1.1. Introdução aos Nanofluidos

Os nanofluidos, misturas coloidais engenhosamente concebidas de nanopartículas suspensas em fluidos de base, suscitaram recentemente um interesse significativo nas comunidades científicas e de engenharia a nível mundial [40,41]. Este interesse crescente é principalmente motivado pela capacidade transformadora das nanopartículas para melhorar drasticamente a condutividade térmica do fluido de base e as capacidades de transferência de calor [7]. A dispersão de nanopartículas feitas de substâncias como cobre, prata, ouro, alumina, dióxido de titânio, carbonetos e nanotubos de carbono no fluido de base resulta nestas novas formulações [9]. O fluido de base pode variar de substâncias convencionais como água, etilenoglicol e óleo a outros fluidos como refrigerantes e solventes orgânicos [42]. O aumento das características de transferência de calor deve-se à elevada condutividade térmica das nanopartículas, à sua capacidade de influenciar a dinâmica dos fluidos devido ao seu tamanho minúsculo e à sua elevada relação área de superfície/volume, que contribuem coletivamente para avanços significativos na eficiência da transferência de calor [7, 40].

As propriedades únicas dos nanofluidos tornam-nos adequados para uma grande variedade de cenários de gestão térmica. Por exemplo:

1. No contexto dos sistemas de arrefecimento dos veículos eléctricos, a gestão térmica adequada é crucial para manter um desempenho ótimo da bateria e prolongar a sua vida útil [6, 12].

2. Na eletrónica, a gestão do calor é uma questão central que garante a fiabilidade e a longevidade dos dispositivos [43, 44].

3. Nos sistemas de energias renováveis, em que as propriedades térmicas únicas dos nanofluidos podem ser aproveitadas para melhorar a transferência e o armazenamento de calor, melhorando assim a eficiência global destes sistemas [45, 46].

4. Nas aplicações de aquecimento, ventilação e ar condicionado (AVAC), os nanofluidos podem melhorar a transferência de calor e, por conseguinte, a eficiência do sistema, e resolver o problema dos refrigerantes prejudiciais para o ambiente [47, 48].

O ritmo frenético da inovação em nanofluidos desencadeou um efeito de onda de novas possibilidades de conservação de energia, intensificação de processos e miniaturização de sistemas. Estes avanços foram possíveis devido à amálgama única de propriedades dos nanofluidos, redefinindo efetivamente as fronteiras tradicionais da transferência de calor e da gestão térmica [49, 50]. Embora tenham sido dados passos substanciais na investigação e tecnologia dos nanofluidos, estamos ainda no limiar da descoberta de todo o potencial dos nanofluidos. À medida que a exploração dos nanofluidos, das suas propriedades e aplicações prossegue, prevemos para breve transformações significativas nas soluções de gestão térmica. Estes avanços podem causar mudanças de paradigma em várias indústrias, desde a automóvel à eletrónica e às energias renováveis. À medida que aprendemos mais sobre os nanofluidos, entramos numa nova era de eficiência energética e sustentabilidade inigualáveis [51-54].

1.2. Melhoria da transferência de calor utilizando nanofluidos

Os nanofluidos, enquanto paradigma emergente de soluções avançadas de gestão térmica, apresentam propriedades extraordinárias de transferência de calor [41, 48]. O primeiro é a elevada condutividade térmica caraterística das nanopartículas, que amplificam substancialmente a condutividade térmica do fluido de base. Quando estas nanopartículas estão uniformemente dispersas no fluido de base, criam novas vias para a transferência de calor, culminando num aumento impressionante da eficiência da gestão térmica [55]. Em segundo lugar, as nanopartículas têm um impacto notável na dinâmica do fluido de base [56]. Convencionalmente, o fluxo laminar dentro dos fluidos pode impedir a transferência efectiva de calor, mas a presença de nanopartículas perturba este fluxo e induz turbulência, aumentando a transferência de calor por convecção [57,   58]. A combinação de a condutividade térmica aumentada e a dinâmica de fluidos melhorada resultam num aumento substancial da transferência de calor quando se utilizam nanofluidos.

1.3. Tipos de nanopartículas e fluidos de base

Os nanofluidos oferecem flexibilidade de composição e abrangem vários tipos, cada um caracterizado por uma combinação única de nanopartículas e fluidos de base [9]. Estes nanofluidos podem ser adaptados para satisfazer os requisitos específicos de diversas aplicações de gestão térmica, tornando-os altamente adaptáveis [59]. As nanopartículas normalmente utilizadas incluem metais como o cobre, a prata e o ouro, óxidos metálicos como a alumina e o dióxido de titânio, e materiais à base de carbono como os nanotubos de carbono e o grafeno. A escolha do fluido de base é igualmente diversificada, incluindo água, óleo, etilenoglicol, solventes orgânicos e refrigerantes [60]. **A Figura 2** apresenta um esquema de classificação dos nanomateriais com exemplos e aplicações potenciais. As nanopartículas metálicas e de óxidos metálicos são adequadas para aplicações de transferência de calor, uma vez que possuem uma elevada condutividade térmica. As nanopartículas à base de carbono são frequentemente utilizadas na engenharia e investigação de materiais, uma vez que as suas diferentes formas podem apresentar uma grande variedade de propriedades, como elevada resistência e flexibilidade. As nanopartículas de base orgânica são frequentemente utilizadas como excipientes na indústria farmacológica e têm um grande potencial no domínio da bioengenharia. Por último, as nanopartículas de base híbrida baseiam-se numa combinação de nanopartículas para melhor aproveitar os aspectos únicos de cada um dos constituintes [61, 62].

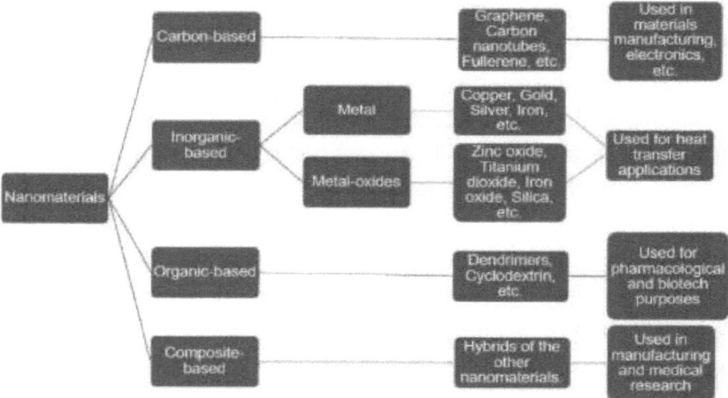

Figura 2: Classificação das nanopartículas [61, 62]

A seleção do fluido de base depende dos requisitos específicos da aplicação e da compatibilidade com as nanopartículas escolhidas [60]. Uma vez que o fluido de base constitui a maior parte do nanofluido, relativamente às nanopartículas, tem um grande impacto nas características de transferência de calor. Os fluidos de base habitualmente utilizados incluem a água, o etilenoglicol, os óleos minerais, etc. Os nanofluidos à base de água são normalmente utilizados devido à elevada capacidade térmica específica da água, à sua não toxicidade e à sua natureza ecológica [63], enquanto os nanofluidos à base de óleo são preferidos em aplicações que requerem uma gama de temperaturas de funcionamento mais ampla ou que beneficiam das propriedades lubrificantes do óleo [64]. Para além da condutividade térmica do fluido de base e das suas propriedades intrínsecas, outro fator que deve ser considerado é a dispersibilidade das nanopartículas no fluido de base. Por exemplo, embora a condutividade térmica do etilenoglicol seja muito inferior à da água, apresenta um aumento muito maior da mesma quando são adicionadas nanopartículas em comparação com a água [65].

1.4. A miríade de aplicações dos nanofluidos

Os nanofluidos têm aplicações em vários sectores. A sua elevada condutividade térmica incentiva a sua utilização como fluidos de transferência de calor. A indústria eletrónica utiliza nanofluidos para manter temperaturas de funcionamento óptimas, garantindo a fiabilidade e a durabilidade dos dispositivos electrónicos [43]. Além disso, os nanofluidos melhoram as capacidades de transferência e armazenamento de calor em sistemas de energias renováveis, melhorando a eficiência global do sistema [46]. Quase todas as aplicações que necessitem de transferência de calor podem ser melhoradas com a utilização de nanofluidos. Um exemplo disto seria nos radiadores de motores a gasóleo, onde os nanofluidos podem superar a água em termos de eficiência exergética [66].

No domínio da biomedicina, alguns nanofluidos são explorados para a administração de medicamentos e a quimioterapia [67]. Desempenham também um papel vital na bioengenharia, uma vez que podem servir como lubrificantes para implantes ortopédicos e como marcadores para efeitos de bioimagem. Por exemplo, Bernal et al. estudaram o potencial da utilização de nanotubos de halloysite e nanopartículas de montmorilonite em polietilenoglicol como lubrificante na artroplastia total do joelho e verificaram que esta mistura resultou numa diminuição do coeficiente de atrito e do diâmetro de desgaste [68]. Os nanofluidos que podem ser utilizados para bioimagem podem ser divididos em duas categorias: os que podem emitir determinados sinais por si próprios e os que necessitam de uma marcação com fluoróforos para serem visualizados. O óxido de ferro magnetite é um exemplo de uma nanopartícula que foi oficialmente aprovada para utilização como agente de contraste para a RMN [69].

Além disso, os nanofluidos também podem ser utilizados em processos de retificação e maquinagem no sector da indústria transformadora para reduzir a produção de calor e o desgaste, melhorando a qualidade do produto e a vida útil da ferramenta. A maioria dos estudos centrou-se na comparação de nanofluidos simples com fluidos de corte convencionais para vários processos de maquinagem, tendo-se concluído colectiva e inequivocamente que os nanofluidos são melhores [70-72]. No entanto, é necessário comparar os vários nanofluidos entre si para encontrar a melhor mistura; especialmente porque se verificou que os nanofluidos híbridos têm uma melhor eficiência relativamente aos nanofluidos simples [73].

Estudos recentes destacaram também a aplicação de nanofluidos em sistemas AVAC [48]. Um estudo experimental alargado que comparou dois sistemas AVAC, um com nanofluidos e outro sem, concluiu que os nanofluidos aumentaram o coeficiente de desempenho em 9,8% e 8,9% no inverno e no verão, respetivamente [47]. Outro estudo de Firouzfar e Soltanieh comparou experimentalmente a poupança de energia entre a utilização de um nanofluido metanol-prata ou apenas metanol num permutador de calor termossifão. A poupança máxima de energia que conseguiram atingir foi de 31,5% e 100% para o arrefecimento e o reaquecimento, respetivamente [74]. Os nanofluidos também podem ser utilizados como um meio externo para a transferência de calor entre o condensador e o ambiente. Um estudo comparou o aumento do desempenho obtido com a utilização de diferentes concentrações de nanofluido Cu/H_2O e de nanofluido Al_2O_3/H_2O como meio e revelou um coeficiente máximo de aumento do desempenho de 29,4% e 22,1%, respetivamente [75].

1.5. Avanços recentes e descobertas inovadoras na investigação sobre nanofluidos

A miríade de propriedades únicas e a vasta gama de aplicações dos nanofluidos incentivaram os investigadores a investigar muitas abordagens inovadoras e inéditas à síntese, dispersão e utilização de nanopartículas, alargando assim o âmbito da tecnologia dos nanofluidos [9]. Os recentes avanços no fabrico de nanofluidos abriram mesmo caminhos para a sua utilização em janelas inteligentes e electrocrómicas para reduzir as temperaturas interiores filtrando certos comprimentos de onda durante o dia. Um estudo recente utilizou um novo nanofluido não newtoniano composto por pontos de carbono derivados da glucose com cloreto de 1-butil-3-metilimidazólio para este fim e forneceu um método de fabrico barato e fácil para o mesmo [76]. Os nanofluidos híbridos, compostos por vários tipos de nanopartículas, também surgiram como vias promissoras para melhorar o desempenho térmico [10]. Estudos recentes sugerem que estes nanofluidos híbridos podem superar os nanofluidos tradicionais de nanopartículas de tipo único em termos de eficiência de transferência de calor [77]. Uma simulação dinâmica de um aquecedor solar de água utilizando diferentes nanofluidos revelou que o nanofluido híbrido pode aumentar a fração solar em 5,14% [78]. Outro estudo numérico que comparou um nanofluido híbrido (Cu-CuO/$C2H6O2$) com um nanofluido simples (Cu/$C2H6O2$) revelou que o primeiro superou largamente o segundo em termos de transferência de calor [79].

Os materiais de mudança de fase, que utilizam o calor latente da transição de fase, são frequentemente utilizados em aplicações de armazenamento e transferência de calor. Embora tenham capacidades térmicas elevadas, as suas características de transferência de calor são insuficientes. Este aspeto pode ser melhorado adicionando-lhes nanopartículas [80]. Teja et al. efectuaram uma simulação numérica de um material de mudança de fase com adição de nanopartículas e verificaram que a infusão de nanopartículas aumentava a fração fundida do material de mudança de fase [81].

Foi efectuada uma investigação numérica exaustiva e uma análise experimental para avaliar o desempenho térmico dos nanofluidos SiC/água e Al O_{23} /água no interior de um tubo circular com um rácio de passo consistentemente aumentado em fita torcida. Os resultados demonstraram uma melhoria no desempenho da transferência de calor e um aumento no rácio de melhoria global, demonstrando o potencial substancial dos nanofluidos em sistemas de transferência de calor [82].

Deve notar-se que, embora os nanofluidos sejam muito promissores em múltiplas aplicações, têm certas limitações que precisam de ser ultrapassadas antes de poderem ser comercializados. Uma revisão da investigação realizada sobre a utilização de nanofluidos em colectores solares térmicos concluiu que, embora possam aumentar a eficiência térmica do sistema e conduzir a uma potencial redução da dimensão do coletor, a estabilidade, o custo de preparação e a dificuldade em prever o desempenho do nanofluido colocam sérios problemas [83]. As nanopartículas tendem a aglomerar-se e a sedimentar, aumentando assim a viscosidade do fluido e reduzindo as suas características de transferência de calor ao longo do tempo. Um estudo concluiu que a absorvência do nanofluido tinha diminuído 52% ao fim de apenas um ano, o que é suficientemente grande para anular os benefícios que proporcionava [84]. O custo da preparação das misturas de nanofluidos é também atualmente proibitivo e seria necessário substituí-las frequentemente para ultrapassar o problema da estabilidade, tornando assim a sua utilização economicamente inviável. Outra questão é a dificuldade em prever as propriedades térmicas e reológicas dos nanofluidos, uma vez que estas dependem de uma multiplicidade de factores como o tamanho, a forma, a concentração, etc. das nanopartículas. Este facto dificulta a generalização dos resultados de quaisquer simulações numéricas [83]. Para ultrapassar estes obstáculos, é essencial prosseguir a investigação e encontrar novas soluções.

1.6. Estabilidade de nanofluidos

A estabilidade do nanofluido refere-se ao tempo durante o qual o nanofluido pode ser efetivamente utilizado antes de as nanopartículas, sob o efeito de várias forças, como as forças de Van der Waal e as forças gravitacionais, formarem aglomerados que se sedimentam. Quando isto acontece, a condutividade térmica do nanofluido é fortemente afetada, o que pode resultar em bloqueios, diminuição da eficiência da transferência de calor e aumento dos requisitos de potência de bombagem. Por conseguinte, a estabilidade do nanofluido serve para determinar o tempo durante o qual pode ser utilizado antes de ter de ser substituído [85].

A estabilidade dos nanofluidos pode ser medida por vários métodos diferentes, que são brevemente explicados de seguida.

1. Sedimentação e centrifugação

Trata-se de técnicas simples em que se mede o tempo necessário para as nanopartículas sedimentarem em consequência da gravidade. Também pode ser aplicada uma força centrífuga para acelerar o processo de sedimentação [85]. Um estudo confirmou a estabilidade de um nanofluido por centrifugação em 10 horas, o que teria levado um mês para ser confirmado por sedimentação normal [86]. Por outras palavras, a centrifugação é várias magnitudes mais rápida do que a sedimentação. Ao estudar a expressão matemática para a velocidade de sedimentação terminal durante a sedimentação, pode deduzir-se que as partículas de menor dimensão e a viscosidade elevada do fluido de base aumentam a estabilidade. Também ajuda se a diferença entre as densidades da nanopartícula e do fluido de base for mínima [85].

2. Medição do Potencial Zeta

O potencial Zeta é o potencial elétrico que existe na interface entre a camada de fluido que está ligada à nanopartícula e a camada móvel. Independentemente de ser positivo ou negativo, um valor mais elevado indica maior estabilidade [85].

3. Medição da absorvância e transmitância espetral

As nanopartículas que têm um pico de absorção entre 190 e 1100 nm podem absorver luz visível e radiação UV. Ao medir a diminuição da absorção ao longo do tempo, a estabilidade do nanofluido pode ser quantificada. Este método não é viável para nanopartículas de cor escura, ou para nanofluidos com elevada concentração de nanopartículas. Uma vez que a transmitância é o oposto da absorvância, também pode ser medida como um marcador de estabilidade [87].

4. Método 3 w

Este método baseia-se na medição da alteração da condutividade térmica do nanofluido ao longo do tempo como uma medida de estabilidade [88]. É de notar que a aglomeração inicial pode resultar num aumento da condutividade térmica, mas, a longo prazo, a aglomeração e a sedimentação acabarão por reduzir tanto a estabilidade como a condutividade térmica [89].

5. Microscopia Eletrónica de Transmissão

Utilizando imagens microscópicas de alta resolução, o fenómeno de aglomeração pode ser diretamente observado e medido [85].

6. Dispersão dinâmica da luz

Utilizando um feixe laser para iluminar nanopartículas suspensas e medindo as flutuações da luz dispersa devido ao movimento browniano da partícula, é possível determinar a dimensão da partícula. Durante um longo período de tempo, as medições contínuas podem detetar a rapidez com que as nanopartículas se estão a agrupar e, por conseguinte, a estabilidade do nanofluido [85].

Embora seja importante poder medir a estabilidade do nanofluido, também é vital melhorar essa estabilidade para que o nanofluido possa ser comercializado. Existem várias técnicas diferentes de estabilização de nanofluidos, como mostra a **Figura 3**, que podem ser amplamente divididas em técnicas mecânicas e técnicas químicas.

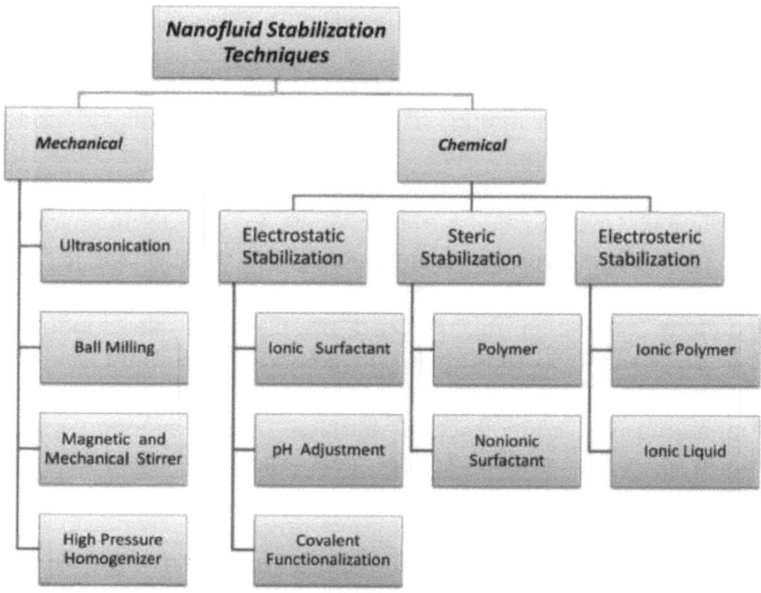

Figura 3: Técnicas de estabilização de nanofluidos [85]

1. Técnicas de estabilização mecânica

O objetivo das técnicas mecânicas é quebrar os aglomerados de nanopartículas. Uma vez que isto só pode ser feito depois de os aglomerados se terem formado, actuam como um método de manutenção e não como um método de prevenção. As técnicas mecânicas incluem a ultra-sons, a moagem de bolas, a agitação mecânica/magnética, os misturadores de vórtice, etc. [85]. Algumas destas técnicas são descritas em pormenor mais adiante.

a) Ultra-sons

A ultrassonografia refere-se à utilização de vibrações ultra-sónicas, quer diretamente (através de um sonicador de sonda), quer indiretamente (através de um banho ultrassónico), para separar os aglomerados de nanopartículas. Verificou-se que o método de aplicação direta é mais eficaz e que o aumento do tempo durante o qual o nanofluido é submetido a ultra-sons, até um ponto máximo, também demonstrou melhorar a estabilidade [85, 90]. No entanto, a ultra-sons pode ser prejudicial quando se trata de nanopartículas à base de carbono, como o grafeno, uma vez que as vibrações podem induzir defeitos estruturais que reduziriam a sua eficácia [91]. A ultrassonografia também pode levar a um aumento da temperatura no nanofluido, pelo que devem ser tomadas precauções adicionais quando se trata de um nanofluido

16

sensível ao calor [92].

b) Moagem de bolas

Um moinho de bolas baseia-se no movimento rotativo para esmagar os aglomerados de nanopartículas uns contra os outros e separá-los através da força de impacto [85].

c) Agitação mecânica/magnética e outras técnicas

A agitação magnética é frequentemente utilizada na preparação de nanofluidos para estabilizar a mistura, mas não é realmente viável para uma estabilização a longo prazo. Outras técnicas baseiam-se em alguns métodos de mistura mecânica, como o misturador de vórtice e o homogeneizador de alta pressão, para quebrar os aglomerados de nanopartículas [85]. Alguns métodos, como o homogeneizador, são ainda mais eficazes do que a ultra-sons [93].

2. **Técnicas de estabilização química**

As nanopartículas podem ser hidrofílicas ou hidrofóbicas, o que afecta a escolha do fluido de base, que pode ser polar ou não polar, respetivamente. A maior parte das nanopartículas metálicas e de óxidos metálicos são hidrofílicas, pelo que se adaptam bem a fluidos de base polares como a água, ao passo que as nanopartículas à base de carbono, com exceção do óxido de grafeno, são hidrofóbicas, pelo que se preferem fluidos de base não polares quando se trabalha com elas. No entanto, se se pretender misturar nanopartículas hidrofílicas num fluido de base não polar, ou vice-versa, é necessário adotar algumas técnicas adicionais de estabilização química [85].

Estas técnicas podem ser divididas em três categorias: estabilização eletrostática, estabilização estérica e estabilização electro-estérica [85]. Cada uma delas pode ser obtida através de vários meios, que são brevemente descritos abaixo.

a) Estabilização eletrostática

Esta forma de estabilização baseia-se na força repulsiva eletrostática entre as nanopartículas de carga semelhante que supera a força atractiva de Van der Walls entre elas. Isto pode ser conseguido de três formas diferentes: a primeira é através da adição de um tensioativo iónico que se adsorve às nanopartículas e atrai iões opostos para a superfície da partícula. Isto cria uma "camada dupla" eléctrica em torno das nanopartículas, o que faz com que se repelam umas às outras [94]. No entanto, este método pode não ser adequado para nanofluidos à base de carbono, em que a adição de certos tensioactivos pode provocar a formação de espuma e aumentar a viscosidade, o que reduzirá o desempenho térmico do nanofluido [95, 96]. O segundo método é o ajuste do pH, que se baseia na alteração do pH do nanofluido. A densidade de carga e, por conseguinte, a força repulsiva, é aumentada num valor de pH ótimo, idealmente afastado de 7 [97]. O método final de estabilização eletrostática é a funcionalização covalente, que envolve a alteração química do grupo funcional presente na superfície da nanopartícula [98].

A estabilização eletrostática tem dois grandes inconvenientes, nomeadamente o facto de só ser realmente útil para nanofluidos com uma baixa concentração de nanopartículas e de ser uma técnica preventiva, ou seja, não pode ser utilizada para quebrar nanopartículas aglomeradas [85].

b) Estabilização estérica

A estabilização estérica envolve a adição de um polímero ao nanofluido. As moléculas do polímero adsorvem-se às superfícies das nanopartículas e criam uma repulsão estérica que impede as nanopartículas de se aglomerarem [99]. Isto pode ser feito quer adicionando o polímero, quer adicionando um tensioativo não iónico [100]. O polímero deve ser tal que uma parte do mesmo tenha tendência para se ligar à nanopartícula, enquanto a outra parte deve ser compatível com o fluido de base. Os tensioactivos não iónicos tendem a ter uma natureza anfifílica, o que os torna ideais para a estabilização estérica em fluidos de base polares e não polares [101].

Um ponto que deve ser observado é que a estabilidade de um nanofluido sujeito a estabilização estérica não pode ser quantificada com a medição do potencial zeta. Isto deve-se ao facto de a ligação do polímero não alterar o potencial de superfície, o que significa que teriam de ser utilizados meios alternativos para quantificar a estabilidade [85].

A estabilização estérica é aplicável mesmo com nanofluidos altamente concentrados e é útil para quebrar nanopartículas aglomeradas, ao contrário da estabilização eletrostática [85].

c) Estabilização electro-estérica

A estabilização electro-estérica é uma combinação de estabilização eletrostática e estérica. Baseia-se na adsorção de um polímero iónico na superfície de uma nanopartícula eletricamente carregada, criando assim uma barreira estérica, através do polímero, e uma barreira eletrostática, através da repulsão de dupla camada. Para além dos polímeros iónicos, este tipo de estabilização também pode ser conseguido através da utilização de líquidos iónicos [85].

No que respeita ao arrefecimento das baterias dos veículos eléctricos, prevê-se que o nanofluido sofra alterações cíclicas de temperatura. Quando absorve o calor da bateria e aquece, as nanopartículas terão mais energia e, por conseguinte, o seu movimento browniano também será maior. Isto resultará em mais colisões e a aglomeração será mais provável nesta fase [85]. Estes aglomerados de nanopartículas podem depositar-se nas superfícies de transferência de calor, provocando incrustações e uma maior redução da eficiência da transferência de calor [102]. Outro ponto de preocupação é a possível degradação dos estabilizadores químicos, como os surfactantes, a altas temperaturas [103].

É de notar que os investigadores descobriram que a condutividade térmica é mais elevada não numa mistura homogénea de nanofluidos, mas sim num nanofluido com um nível ótimo de aglomeração e agrupamento. Pensa-se que este facto se deve à estrutura linear em forma de cadeia que se forma em

aglomerados de nanopartículas [89].

CAPÍTULO 2

3. O papel crucial da gestão térmica nos veículos eléctricos

O advento dos VEs sublinhou a importância crítica de uma gestão térmica eficaz, especialmente nos conjuntos de baterias, que servem como a principal fonte de energia para estes veículos. O foco principal da investigação e desenvolvimento no sector dos VE é melhorar a gestão térmica para garantir o funcionamento seguro e eficiente dos VEs [3].

3.1. A necessidade de arrefecimento nos conjuntos de baterias para veículos eléctricos

As baterias dos veículos eléctricos produzem um calor significativo durante os ciclos de carga e descarga devido à resistência interna, ao aquecimento por efeito de Joule e às reacções exotérmicas. Factores como o carregamento rápido ou a condução a alta velocidade podem intensificar a produção de calor. A acumulação excessiva de calor no interior do conjunto de baterias pode afetar negativamente o desempenho e a segurança do VE. As temperaturas elevadas podem levar à redução da eficiência energética, à diminuição da autonomia de condução, à degradação acelerada da bateria e ao aumento dos custos de manutenção e substituição. Em casos extremos, o calor descontrolado pode desencadear uma fuga térmica, que é uma condição perigosa que pode resultar numa falha catastrófica da bateria e pôr em perigo a vida do utilizador [104]. Registaram-se 640 acidentes no primeiro trimestre de 2022 devido à combustão espontânea de baterias de VE [105]. Consequentemente, o sector dos VE deu prioridade à criação e aplicação de soluções de gestão térmica de ponta, incluindo sistemas de arrefecimento baseados em nanofluidos [8].

3.2. Métodos de arrefecimento actuais e suas limitações

Atualmente, os VEs dependem de dois modos principais de gestão térmica: arrefecimento por ar e arrefecimento por líquido. Cada método tem vantagens e limitações distintas, que afectam a eficiência, o desempenho e a fiabilidade dos VEs [106].

O arrefecimento por ar, uma abordagem tradicional e direta, utiliza a circulação de ar natural ou forçada para expelir o calor do conjunto de baterias. É valorizada pela sua simplicidade, rentabilidade e baixa necessidade de manutenção, uma vez que requer um mínimo de componentes adicionais. No entanto, o arrefecimento por ar enfrenta desafios na gestão do calor durante cenários de carga elevada ou condições de carregamento rápido. A temperatura ambiente também influencia a sua eficácia, tornando-a menos desejável em climas extremos, onde o controlo consistente da temperatura é crucial [107].

Por outro lado, o arrefecimento líquido utiliza uma mistura de água e glicol ou um fluido dielétrico para gerir o calor. Este método assegura uma dissipação uniforme do calor no interior da bateria, o que o torna particularmente eficaz para veículos eléctricos de elevada capacidade e desempenho. No entanto, os sistemas de arrefecimento por líquido colocam desafios mais complexos, exigindo componentes adicionais como bombas, mangueiras, permutadores de calor e radiadores. Estes componentes auxiliares contribuem para aumentar o peso e a complexidade do sistema e aumentam o potencial de problemas como fugas de líquido de refrigeração e avarias nas bombas. Além disso, os sistemas de arrefecimento por líquido requerem substituição e manutenção periódicas, o que aumenta a sua carga operacional [108].

3.3. O potencial dos nanofluidos para o arrefecimento de baterias de veículos eléctricos

À medida que o panorama dos veículos eléctricos avança para uma maior potência, maior densidade energética e tempos de carregamento mais rápidos, a necessidade de soluções de arrefecimento mais eficientes tornou-se urgente. Neste contexto, os nanofluidos oferecem uma solução promissora. Com as suas excelentes propriedades térmicas, os nanofluidos representam uma oportunidade para ultrapassar os inconvenientes das técnicas de arrefecimento existentes e melhorar significativamente o desempenho da transferência de calor nos veículos eléctricos [8]. O seu potencial para revolucionar as metodologias de arrefecimento pode permitir que os veículos eléctricos satisfaçam as crescentes exigências de elevado desempenho, carregamento rápido, funcionamento seguro e baixa manutenção, atenuando simultaneamente os inconvenientes dos sistemas de arrefecimento existentes.

Os nanofluidos são substâncias extremamente versáteis, cujas propriedades termofísicas dependem de uma vasta gama de parâmetros, tamanho, forma e concentração das nanopartículas, propriedades do fluido de base, etc. Com o advento dos nanofluidos híbridos, existe uma quantidade quase infinita de variações e afinações que podem ser efectuadas para encontrar o meio de transferência de calor mais adequado. É de notar que os nanofluidos tendem a ter uma viscosidade mais elevada do que o fluido de base, o que pode aumentar a potência de bombagem necessária. Por outro lado, o aumento das propriedades de transferência de calor resultaria numa diminuição da potência de bombagem. Qual dos efeitos, viscosidade ou melhoria da transferência de calor, terá maior impacto só pode ser determinado através da realização de mais investigação e otimização [109, 110].

Como já foi referido, existem vários obstáculos que têm de ser ultrapassados para que estes nanofluidos possam ser comercializados. O maior obstáculo é o da estabilidade do nanofluido. A aglomeração e a sedimentação das nanopartículas reduzem o tempo de utilização do nanofluido [83]. Outro problema é o descarte seguro do nanofluido, pois vários nanofluidos podem ser prejudiciais ao meio ambiente [111, 112].

Apesar destes obstáculos, estão em curso esforços incansáveis de investigação e desenvolvimento para ultrapassar estes obstáculos e aproveitar plenamente o potencial dos nanofluidos. A sua impressionante capacidade de superar os métodos de arrefecimento tradicionais torna-os um elemento revolucionário na revolução da gestão térmica dos veículos eléctricos.

CAPÍTULO 3

4. Nanofluidos no arrefecimento de baterias de veículos eléctricos

Embora a investigação sobre a utilização de nanofluidos para o arrefecimento de componentes electrónicos e para o arrefecimento de baterias de veículos eléctricos esteja em curso desde o seu aparecimento, este estudo centrar-se-á na investigação que surgiu mais recentemente. Uma vez que estes representam os últimos avanços neste domínio no momento da redação do presente estudo, acreditamos que serão de maior relevância para os investigadores.

4.1. Investigação recente sobre a utilização de nanofluidos no arrefecimento de baterias de veículos eléctricos

Os veículos eléctricos utilizam normalmente baterias de iões de lítio, que funcionam melhor a uma temperatura ambiente de =21,5° C, como mostra a **Figura 4** [113]. Como resultado da temperatura ambiente e do calor gerado pela bateria que está a ser utilizada, as temperaturas da bateria podem aumentar rapidamente, o que terá consequências para a autonomia de condução, a vida útil da bateria e poderá mesmo afetar a segurança do utilizador se a bateria se incendiar. Os nanofluidos podem ser utilizados como refrigerante de um sistema de arrefecimento líquido para manter as temperaturas em torno do ponto ótimo.

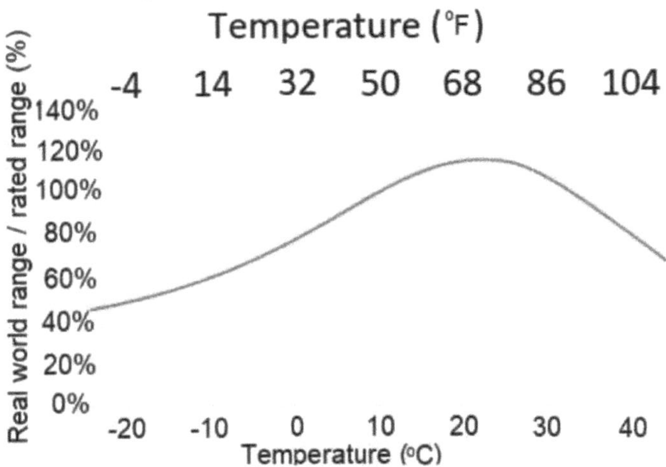

Figura 4: Gama real vs. gama nominal em função da temperatura ambiente [113]

Tendo em conta o elevado custo de fabrico e teste dos nanofluidos, especialmente considerando as múltiplas iterações e repetições de testes que seriam necessárias, faz sentido simular primeiro o desempenho do nanofluido num sistema sob diferentes condições. Existem vários programas informáticos que podem ser utilizados para este fim, como o ANSYS e o MATLAB. Wankhede e Kamble simularam nanofluidos de Al2O3, CuO e TiO2 utilizando água como fluido de base para utilização no arrefecimento de baterias de veículos eléctricos. Utilizaram o solucionador ANSYS CFX para simular as equações determinantes e confirmaram que os nanofluidos proporcionavam um melhor arrefecimento do que os fluidos de arrefecimento convencionais. Dos três nanofluidos considerados, o nanofluido Al2O3 teve o melhor desempenho, seguido do CuO e do TiO2 [114]. Para além de reduzir a acumulação de calor na bateria, é também importante gerir a distribuição da temperatura ao longo da mesma. Um gradiente de temperatura irregular pode causar danos a longo prazo na bateria. Um estudo recente avaliou o impacto da utilização de nanofluidos simples e híbridos com diferentes caudais volumétricos em diferentes concepções de um sistema de microcanais através de uma simulação numérica. Verificou-se que o aumento da concentração de nanopartículas teve um efeito positivo na transmissão de calor e na uniformidade da temperatura [115]. Outros investigadores também obtiveram resultados semelhantes com simulações; Sirikasemsuk et al. simularam um conjunto de baterias com sessenta células de iões de lítio para investigar o impacto da direção do fluxo do refrigerante nanofluido na temperatura máxima de funcionamento e no gradiente de temperatura. Os seus resultados foram consistentes com os testes experimentais, com um erro médio de apenas 1,28% [116]. Um estudo separado efectuado por Thorat comparou o Al2O3/água com a água normal e o etilenoglicol, através de simulação e experiência, e concluiu que o nanofluido pode ter um desempenho superior ao dos líquidos puros no arrefecimento de baterias de veículos eléctricos até 40%. Além disso, o nanofluido Al2O3/água é mais barato de fabricar e é relativamente amigo do ambiente, que são factores importantes que muitas vezes não são considerados [117]. Outro ponto importante a considerar é o tempo necessário para arrefecer o conjunto de baterias. Afinal, não seria viável utilizar qualquer potencial refrigerante se este demorasse minutos a fazer o que uma alternativa poderia fazer em segundos. Esta ideia foi investigada por Wankhede e Kamble em 2023 através de uma simulação MATLAB-Simulink, quando compararam o desempenho de arrefecimento de um nanofluido com o do etilenoglicol e descobriram que o primeiro podia fazer em 150 segundos o que o segundo demorava 480 segundos a fazer [118].

Os nanofluidos são normalmente utilizados quer no arrefecimento líquido, que é um sistema de arrefecimento ativo, ou seja, é necessária energia externa para bombear o líquido de arrefecimento, quer em tubos de calor, que são um sistema de arrefecimento passivo (não é necessária energia externa). Uma vez que os requisitos energéticos dos tubos de calor são inferiores aos dos seus homólogos de arrefecimento líquido, estes são um tema de estudo popular em conjunto com os nanofluidos. **A Figura 5** mostra a configuração de um tubo de calor convencional [119]. Uma dessas configurações de tubos de calor é designada por tubos de calor oscilantes, em que o calor é rapidamente transferido através de um fluxo de fluido bifásico acionado por pressão [120]. Para verificar os resultados da simulação, devem ser efectuadas experiências. Uma investigação sobre os efeitos da utilização de diferentes concentrações de nanofluido de Al2O3 com acetona como fluido de base, bem como o efeito da taxa de enchimento e da entrada de calor, num sistema de tubos de calor oscilantes, utilizando um projeto experimental baseado na Metodologia de Superfície de Resposta, foi realizada por Prashanth et al. O efeito no coeficiente de transferência de calor e na resistência térmica foi analisado e optimizado através do método ANOVA, e os resultados experimentais foram comparados com os obtidos a partir de modelos de regressão. Curiosamente, os seus resultados indicaram que a concentração de Al2O3 não teve um impacto relativamente significativo nos resultados [121]. Outro estudo utilizou uma bateria simulada numa configuração experimental para investigar os efeitos da concentração de nanofluidos e das taxas de fluxo de entrada. Os resultados indicaram que o desempenho do nanofluido se deteriora gravemente com o aumento das taxas de fluxo de entrada, de tal forma que taxas de fluxo e temperaturas elevadas podem levar à falha do nanofluido [122].

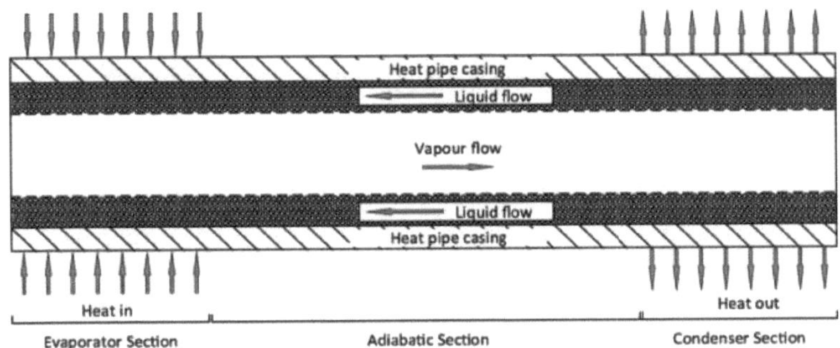

Outra configuração deste tipo de tubo de calor é o tubo de calor pulsante, em que o calor é transferido por dois métodos diferentes, melhorando assim a taxa de transferência de calor em relação aos tubos de calor tradicionais. Chen e Li estudaram experimentalmente um sistema de gestão térmica utilizando um nanofluido de TiO2 à base de água num tubo de calor pulsante. Verificaram que, mesmo a uma temperatura ambiente de 35° C, o nanofluido foi capaz de suprimir a temperatura máxima da superfície da bateria para 42,22° C, com um gradiente de temperatura máximo de 2° C através da bateria. Isto constituiu uma taxa de melhoria efectiva de até 60% [123].

Outro estudo experimental que utilizou um tubo de calor pulsante com nanofluido SiO2/água foi realizado por Zhang et al., que descobriram que, embora o nanofluido fosse benéfico em relação à sua não utilização, a concentração das nanopartículas é um fator importante. Não é tão simples como aumentá-la, pois a partir de um certo ponto, o aumento da viscosidade será prejudicial para o desempenho da transferência de calor. Neste caso, verificaram que uma concentração de 1,0 wt% apresentava os melhores resultados [124].

Embora os tubos de calor sejam populares, têm geralmente um desempenho inferior ao dos métodos de arrefecimento por líquido. Estes últimos podem ser subdivididos em métodos de arrefecimento líquido direto e indireto. A bateria está completamente imersa no líquido de arrefecimento nos sistemas de arrefecimento líquido direto e vice-versa nos sistemas indirectos. **A Figura 6** mostra um sistema de arrefecimento indireto em que o calor é transferido através de elementos altamente condutores [125]. Os nanofluidos são bem adequados para o arrefecimento líquido, tal como o exame do arrefecimento líquido indireto utilizando o nanofluido Al2O3/água realizado por Thorat [117].

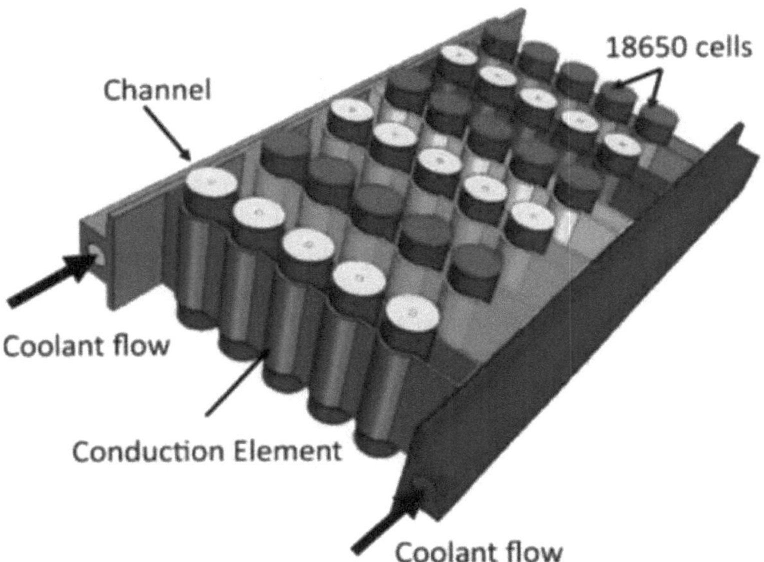

Figura 6: Esquema 3-D de um sistema de gestão térmica de uma bateria arrefecida por líquido indireto [125]

A presença de nanopartículas nos meios de trabalho de certos tubos de calor pode inviabilizá-los, devido ao risco de bloqueio de pequenos canais. No entanto, este problema pode ser atenuado através do controlo do tamanho das nanopartículas e dos tubos. Um estudo experimental sobre a utilização de nanofluido de NiO/água em tubos de calor em anel revelou que, embora o nanofluido tenha superado o caso de controlo da água desionizada no caso de cargas de calor elevadas (e, por conseguinte, taxas de fluxo mais elevadas) por uma pequena margem, o seu desempenho foi pior com cargas de calor mais pequenas. Teoriza-se que isto se deve à estrutura porosa no tubo de calor do circuito que restringe o fluxo do nanofluido a taxas de fluxo mais elevadas. O desempenho pode ser melhorado através da utilização de outros nanofluidos com condutividades térmicas mais elevadas ou da utilização de nanopartículas com diâmetros mais pequenos, mas para tal é necessária mais investigação. O mesmo estudo também investigou o desempenho de um tubo de calor oscilante com nanofluido CuO/água e concluiu que esta configuração de tubo de calor era muito mais adequada à utilização de nanofluidos, com uma melhoria notável em relação ao caso de controlo [126].

Outros investigadores estudaram também os tubos de calor em anel para utilização em veículos eléctricos. Smaisim, Al-Madhhachi e Abed analisaram o potencial da utilização de tubos de calor em anel para arrefecer baterias de iões de lítio. Utilizaram óxido de grafeno como nanopartícula, com três fluidos de base diferentes: água, acetona e etilenoglicol. A sua investigação sobre a estabilidade, condutividade térmica, resistividade térmica e distribuição de temperatura, tanto através de experiências como de modelação computacional através do ANSYS-Fluent, revelou que o nanofluido de etilenoglicol tinha o melhor desempenho e estabilidade globais. A sua investigação sobre a estabilidade é de particular importância, uma vez que esta é uma das principais limitações dos nanofluidos [127].

Para além do nanofluido e do método de arrefecimento utilizados, a estratégia de gestão térmica é também uma consideração vital. Esta estratégia determina quando o método de arrefecimento será ativado e durante quanto tempo, dependendo da temperatura da bateria. Lv, Li e Chen investigaram duas estratégias de gestão térmica diferentes para arrefecer baterias de iões de lítio com um nanofluido de $TiO2$ à base de água num tubo de calor pulsante de circuito fechado, juntamente com uma ventoinha de arrefecimento. Das duas estratégias investigadas, uma optimizaria a eficiência térmica, enquanto a outra optimizaria a energia de funcionamento. Embora a primeira estratégia tenha obtido melhores resultados no que respeita à subida máxima da temperatura da bateria e à uniformidade da temperatura, os resultados da segunda nestes aspectos foram ainda aceitáveis e teve a vantagem adicional de melhorar o índice de consumo de energia do sistema até 60,58% [128]. Da mesma forma,

Ouyang et al. consideraram vários esquemas de gestão térmica para evitar a fuga térmica. A sua simulação combinou nanofluidos com arrefecimento por mudança de fase e materiais de isolamento térmico. O seu esquema final conseguiu reduzir a temperatura máxima da bateria de 707,36° C para 107,19° C em condições extremas e, após a implementação de um design único de compósito central rotativo de precisão uniforme, esta temperatura pode ser ainda mais reduzida em 23% [129]. Para além disso, a Tabela 2 apresenta um resumo dos estudos realizados sobre nanofluidos híbridos baseados em BTMSs.

Tabela 2: Resumo dos resultados estudados para os nanofluidos híbridos à base de BTMSs [114-117, 123, 127-129].

Referência	Método de arrefecimento	Pr os	Co ns	Principais conclusões
Wankhede e Kamble (2023) [114]	Arrefecimento líquido de nanofluidos ANSYS CFX Software Simulation	Investigação de desempenho exato	Limitado ao estudo baseado em simulação	Os nanofluidos como refrigerantes em sistemas de gestão térmica apresentaram resultados promissores
Kumar et al.(2024) [115]	Sistema híbrido de micro-canais arrefecidos por nanofluidos	Desempenho de arrefecimento melhorado	Requer considerações de conceção específicas	O sistema híbrido de arrefecimento por nanofluidos mostrou uma gestão térmica eficaz para baterias de iões de lítio
Sirikasems uket al. (2023) [116]	Análise de Escoamento de Nanofluidos	Melhoria do desempenho da transferência de calor	Nenhum	Exposição de nanofluidos transferência de calor melhorada comportamento em módulos de baterias de iões de lítio
Thorat (2023) [117]	Nanofluidos de arrefecimento	Desempenho melhorado do arrefecimento da bateria	Nenhum	Os nanofluidos tiveram um impacto positivo no desempenho de arrefecimento de uma bateria de iões de lítio
Chen e Li(2020) [123]	Tubo de Calor Pulsante (PHP) à base de nanofluidos	Gestão térmica eficiente	Limitado a modelos específicos de baterias	O PHP à base de nanofluidos mostrou um arrefecimento eficaz para baterias de iões de lítio
Smaisim etal. (2022) [127]	Tubos de calor em anel com nanofluidos	Capacidade de arrefecimento melhorada	Limitado à configuração do tubo de aquecimento em anel s	Gestão térmica melhorada de baterias de iões de lítio com nanofluidos
Lv et al. (2023) [128]	Tubo de Calor Pulsante (PHP)	Gestão térmica eficiente	Limitado a uma conceção específica de módulo de bateria	O PHP mostrou um bom desempenho de gestão térmica com diferentes estratégias
Ouyang et al.(2023) [129]	Sistema híbrido de gestão térmica utilizando nanofluidos	Evita a fuga térmica da bateria de iões de lítio, arrefecimento melhorado eficiência	Conceção e implementação complexas	Eficaz na prevenção da fuga térmica com arrefecimento por nanofluidos

A conceção do sistema de arrefecimento oferece muitas oportunidades para melhorar o desempenho do nanofluido. O facto de os fluxos turbulentos facilitarem melhor a transferência de calor pode ser utilizado pelos sistemas de arrefecimento de EV. Um estudo realizado por Hasan et al. utilizando o nanofluido SiO_2-água investigou o efeito do número de Reynold (variado através da alteração do caudal do fluido) e da concentração de nanopartículas na eficácia do arrefecimento. A simulação ANSYS-Fluent utilizada neste estudo teve 52 baterias de iões de lítio dispostas numa câmara sujeita a arrefecimento direto pelo nanofluido. A simulação estudou o comportamento das temperaturas das baterias e do número de Nusselt para diferentes números de Reynold (níveis de turbulência). Também compararam os seus resultados com outro estudo experimental e concluíram que estavam razoavelmente de acordo. A sua simulação revelou que concentrações mais elevadas de nanopartículas e números de Reynolds proporcionavam um melhor desempenho na transferência de calor. Verificaram também que a distribuição da temperatura das baterias perto da entrada da câmara era mais não linear do que as que se encontravam mais à frente, o que se especulou dever-se à distribuição não uniforme da temperatura no nanofluido, em resultado da entrada na região de entrada do conjunto de baterias, criando uma distribuição não uniforme da temperatura no nanofluido. Esta constatação realça a importância da colocação da bateria. Outro ponto a salientar é que, embora os fluxos mais turbulentos melhorem a transferência de calor, também resultam em maiores quedas de pressão, o que exigiria uma maior potência de bombagem. Por conseguinte, deve ser efectuada uma análise numérica exaustiva para avaliar o número de Reynold mais adequado (caudal de fluido). Dentro dos parâmetros investigados, conseguiram reduzir a temperatura das superfícies da bateria em mais de 47K. Também conseguiram aumentar o número de Nusselt até 65%, aumentando o número de Reynold para 30000 [130]. Também compararam o SiO_2 com outras nanopartículas e descobriram que este superava os outros por uma margem significativa, sendo o Al_2O_3 o segundo classificado mais próximo. Em comparação com a água, que necessitava de um número de Reynold superior a 30000 para baixar a temperatura da bateria para menos de 40° C, o nanofluido de SiO2 conseguia-o com um número de Reynold de apenas 18000. A sua investigação também revelou que o aumento do espaçamento entre as baterias também produziu resultados positivos. Tal como **a Figura 4** tinha mostrado que as baterias funcionam melhor a uma temperatura de =21,5° C, este estudo recolheu resultados de vários estudos para produzir um gráfico, apresentado na **Figura 7**, do efeito da temperatura de funcionamento no ciclo de vida da bateria. Isto também confirmou que uma temperatura de funcionamento entre 20° C e 40° C maximiza o ciclo de vida [131].

A Tabela 3 apresenta um resumo dos estudos discutidos neste artigo. Curiosamente, Kumar et al. [115] e Thorat [117] obtiveram resultados contraditórios com os de Liu et al. [122], uma vez que os primeiros afirmaram que o aumento do caudal conduziu a um melhor desempenho térmico, enquanto os segundos afirmaram o contrário. Do mesmo modo, muitos investigadores concluíram que a concentração de nanopartículas tinha um impacto significativo no desempenho térmico, mas Prashanth et al. [121] concluíram que tinha o menor impacto no desempenho. Estas aparentes contradições requerem mais investigação. Outro aspeto a salientar é o facto de as nanopartículas de óxidos metálicos serem as mais estudadas, especialmente o Al_2O_3, o que faz sentido, uma vez que estas nanopartículas podem ser produzidas a baixo custo e de forma ecológica. No entanto, podem existir outras

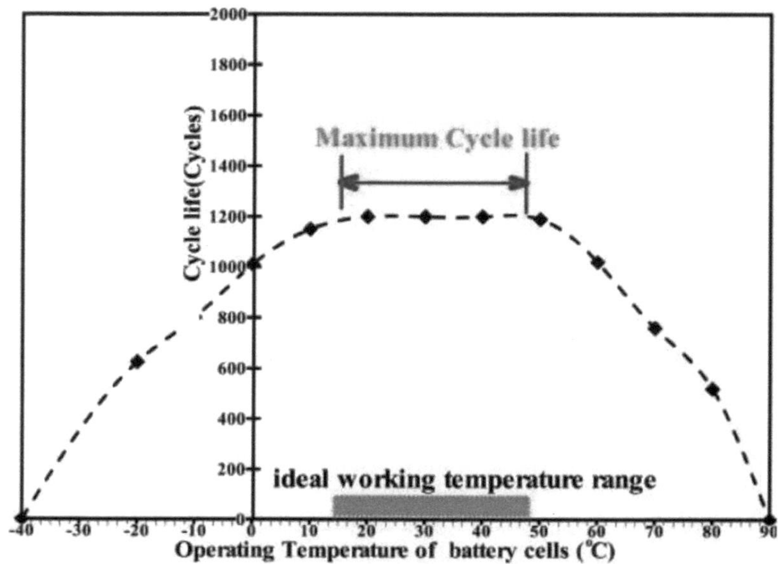

Temperatura de funcionamento das células da bateria (°C)

Figura 7: Efeito da temperatura de funcionamento no ciclo de vida da bateria em ciclos [131]

Quadro 3: Resumo dos estudos

Ref.	Nanofluidos testados	Sim. / Exp.	Objectivos	Resultados
[114]	• Al2O3 / água • CuO / água • TiO2 / água	Simulação	- Comparar arrefecimento desempenho dos nanofluidos em relação aos refrigerantes convencionais.	- Al_2O_3 tinha o melhor seguido do CuO e do TiO_2.
[115]	- Nanofluidos mono e híbridos não especificados	Simulação	• Comparar vários sistemas de gestão térmica com microcanais arrefecidos por líquido. • Investigar o impacto de caudal volúmico e concentração de nanopartículas	• Bateria optimizada foi escolhido o sistema de gestão térmica. • Alto teor de nanopartículas e o caudal volúmico têm um impacto positivo no desempenho.
[116]	- Ferrofluido não especificado	Simulação e experiência	- Analisar o efeito de direção do fluxo de refrigerante na temperatura máxima e no gradiente de temperatura	- Resultados da simulação consistente com os resultados experimentais, com um erro médio de 1,28%.
[117]	- Al_2O_3 / água	Simulação e experiência	• Comparar o arrefecimento desempenho do nanofluido em relação aos refrigerantes convencionais. • Investigar o efeito de parâmetros de desempenho.	• O nanofluido tem melhor desempenho de arrefecimento do que os líquidos de arrefecimento convencionais. • Aumento da massa o caudal do líquido de refrigeração melhora o desempenho.
[118]	- Nanofluidos não especificados	Simulação	- Comparar arrefecimento de nanofluidos para etilenoglicol.	- Nanofluidos arrefecidos muito mais rapidamente do que o etilenoglicol.
[121]	- Al_2O_3 / acetona	Experiência	- Utilizar a resposta Metodologia de superfície para investigar o efeito de vários factores na temperatura desempenho do sistema de Tubo de Calor Oscilante.	- Entrada de calor e enchimento foram considerados os factores com maior influência no desempenho, enquanto a concentração de nanopartículas teve a menor influência.

				- A metodologia tinha boa precisão.
[122]	- Y-Al2O3 / fluido de transferência de calor não especificado	Experiência	- Investigar o efeitos de vários factores no desempenho do arrefecimento	• Caudais elevados provocar a deterioração do desempenho do arrefecimento. • Caudais elevados e levam à instabilidade do nanofluido.
[123]	- TiO2 / água	Experiência	- Estudar o efeito de a temperatura ambiente e as condições de funcionamento.	- O calor pulsante O sistema de tubos pode manter a temperatura máxima na superfície da bateria dentro dos limites desejados, mesmo em condições extremas.
[124]	- SiO2 / água	Experiência	- Investigar o impacto de concentração de nanopartículas no desempenho do tubo de calor pulsante.	• Presença de nanopartículas melhora a transição de fase do fluido de trabalho e ajuda a evitar a "secagem". • O aumento da concentração de nanopartículas para além de um nível ótimo será prejudicial devido à elevada viscosidade.
[126]	- NiO / água - CuO/água	Experiência	- Estudar o potencial da utilização de nanofluidos em sistemas de arrefecimento de duas fases.	• Os nanofluidos superam os fluidos de base nos sistemas estudados. • Calor oscilante são mais adequados para a utilização de nanofluidos do que os tubos de calor em anel.
[127]	• Óxido de grafeno / água • Óxido de grafeno / acetona • Óxido de grafeno / etilenoglicol	Simulação e experiência	• Estudar a eficácia de tubos de calor em anel com diferentes nanofluidos. • Investigar o estabilidade dos nanofluidos e o efeito de diferentes rácios de enchimento.	• Óxido de grafeno / O nanofluido de etilenoglicol teve a maior estabilidade, de acordo com a medição do valor do potencial Zeta. • Também tinha melhor condutividade térmica e menor resistência térmica.

				• Aumento do enchimento levou a uma diminuição da distribuição da temperatura
[128]	- TiO2 / água	Experiência	• Investigar diferentes estratégias de gestão térmica para utilização com um tubo de calor pulsante de circuito fechado.	- Eficiência térmica obteve melhores resultados para o aumento e uniformidade da temperatura, mas a estratégia de otimização da energia de funcionamento obteve resultados aceitáveis, minimizando também o consumo de energia.
[129]	- Nanofluido não especificado	Simulação	• Simular um sistema térmico sistema de gestão que utiliza arrefecimento por nanofluidos, arrefecimento por mudança de fase e isolamento térmico. • Modelar e otimizar diferentes esquemas de arrefecimento. • Estudar o efeito de concentração de nanopartículas e caudal do nanofluido no desempenho.	• Regime escolhido poderia inibir com êxito a fuga térmica, mesmo em condições extremas. • Otimizar o O esquema escolhido reduziu a temperatura máxima em mais 23% e reduziu o índice económico em 22%.

CAPÍTULO 4

5. Limitações dos nanofluidos

5.1. Limitações actuais na utilização de nanofluidos para o arrefecimento de baterias de veículos eléctricos

A comercialização de sistemas de arrefecimento à base de nanofluidos para utilização em baterias de veículos eléctricos apresenta vários desafios que têm de ser resolvidos para concretizar plenamente os potenciais benefícios desta tecnologia. Estes obstáculos podem ser resumidos da seguinte forma:

1. Estabilidade de nanofluidos

As nanopartículas num nanofluido tendem a sedimentar e a aglomerar-se ao longo do tempo, especialmente sob as condições cíclicas de aquecimento e arrefecimento a que será sujeito na aplicação de arrefecimento de baterias de veículos eléctricos. Isto aumentará a viscosidade do fluido e resultará em taxas de fluxo mais baixas e necessitará de maior potência de bombagem, aumentando assim os requisitos de energia. O sedimento de nanopartículas pode também revestir as superfícies de transferência de calor, reduzindo assim a eficiência da transferência de calor. Existe também o risco de aglomerados de nanopartículas de maiores dimensões bloquearem tubos finos, o que poderia conduzir a uma fuga e a uma falha catastrófica [85].

2. Custo de produção

As nanopartículas têm de ser fabricadas através de processos especializados, que são dispendiosos e exigem conhecimentos especializados. Além disso, as técnicas que poderiam melhorar a estabilidade dos nanofluidos também aumentariam o seu custo. Do mesmo modo, o desenvolvimento e o fabrico de componentes compatíveis com os nanofluidos, tais como permutadores de calor e bombas especializadas, aumentam o custo global do sistema de arrefecimento. É necessário analisar melhor o equilíbrio entre os investimentos iniciais mais elevados e os potenciais benefícios em termos de desempenho [132].

3. Segurança ambiental no fabrico e eliminação do nanofluido

À medida que os veículos eléctricos ganham maior adoção e aceitação, a incidência de baterias velhas/danificadas que são deitadas fora tornar-se-á mais comum. Estas baterias podem libertar nanofluidos, que podem ter um efeito adverso no solo e na vida marinha. Além disso, a energia necessária para fabricar nanopartículas e nanofluidos seria uma fonte de poluição, e os produtos químicos utilizados nestes processos podem também ter algum impacto ambiental [133].

A investigação futura terá de ter em consideração estas questões e encontrar soluções que sejam técnica e economicamente viáveis para garantir que os nanofluidos possam ser comercializados.

5.2. Recomendações para investigação futura

O principal objetivo da investigação futura deve ser resolver as questões de estabilidade dos nanofluidos, uma vez que este é o maior problema que restringe a sua utilização a longo prazo. O nanofluido deve durar pelo menos o tempo de vida esperado da bateria. Se os nanofluidos não puderem ser utilizados de forma estável durante um período muito longo, será necessário substituí-los e, por conseguinte, o custo de fabrico do nanofluido também deverá ser reduzido. Se o custo de substituição for suficientemente baixo, então o nanofluido poderá continuar a ser viável, mesmo com um tempo de vida relativamente baixo.

Os futuros investigadores devem, por conseguinte, garantir que os seus estudos mencionem o tempo de vida previsto e os custos de fabrico dos nanofluidos testados, uma vez que tal se tornará uma referência fundamental para avaliar a viabilidade dos nanofluidos. Os investigadores devem também considerar a possibilidade de adicionar sonicadores de sonda ou banhos ultra-sónicos através dos quais o nanofluido possa fluir para quebrar as aglomerações de nanopartículas, se estes puderem ser economicamente viáveis, uma vez que aumentariam significativamente o tempo de vida do nanofluido.

Devem também considerar o impacto ambiental do fabrico e da eliminação dos nanofluidos e, sempre que possível, aconselhar sobre estratégias de eliminação adequadas. Isto garantirá que a investigação atual não conduza a resultados desfavoráveis mais tarde.

Outra via de investigação deveria ser o estudo de formas de induzir turbulência no nanofluido, especialmente em investigações de arrefecimento direto. Uma vez que o fluxo turbulento aumenta a transferência de calor, faria sentido criar fluxos turbulentos. No entanto, o método mais comum de induzir turbulência é aumentar o caudal do nanofluido. Uma vez que isto exigiria uma maior potência de bombagem, seria mais prudente investigar formas alternativas de provocar um fluxo turbulento. Vários estudos [134-137] mostraram que um fluido sujeito a anomalias geométricas como tubos rectangulares, inserções de fita torcida perfurada, espirais, etc., desenvolverá turbulência. Estas poderiam ser utilizadas para induzir turbulência no nanofluido sem aumentar a velocidade e a potência de bombagem. Mesmo a forma das pilhas pode ser alterada de cilíndrica para qualquer outra forma que gere um fluxo turbulento. O aumento da turbulência também pode ter outro benefício, aumentando a estabilidade do nanofluido. A investigação indica que os fluxos turbulentos podem arrastar melhor os sedimentos [138], o que pode permitir que as nanopartículas que se aglomeraram e sedimentaram se separem e voltem a juntar-se ao fluido. No entanto, os fluxos turbulentos podem danificar o conjunto de baterias e provocar um maior desgaste das mesmas, pelo que será necessária mais investigação para encontrar o ponto ideal.

Conclusão

Os nanofluidos são misturas únicas formadas pela adição de nanopartículas a um fluido de base. São uma fonte de grande interesse para investigadores e engenheiros devido às suas capacidades especiais, como a melhoria da transferência de calor. Este artigo apresenta uma panorâmica dos nanofluidos e aborda os seus diferentes tipos e uma miríade de aplicações. Uma das aplicações para as quais os nanofluidos são adequados é o arrefecimento de componentes electrónicos, especificamente a bateria dos veículos eléctricos. Com a sua crescente popularidade, há uma procura cada vez maior de melhorar o seu desempenho, em que a bateria é um elemento-chave. As baterias de iões de lítio normalmente utilizadas nos veículos eléctricos são propensas a sobreaquecimento durante o carregamento e o funcionamento. A temperaturas particularmente elevadas, podem mesmo entrar em combustão espontânea, o que poria em risco a vida do utilizador. Os nanofluidos podem ter um desempenho superior ao dos refrigerantes convencionais, melhorando assim o desempenho e a segurança. Analisámos os estudos mais recentes e descobrimos que existem diferentes formas de utilização dos nanofluidos: configurações de arrefecimento líquido direto ou indireto, ou em diferentes tipos de tubos de calor, tais como tubos de calor pulsantes, tubos de calor em anel e tubos de calor oscilantes. Os métodos de arrefecimento por líquido requerem componentes adicionais para bombear ativamente o líquido de arrefecimento, mas têm maior eficácia, enquanto os tubos de calor trocam a complexidade pela eficácia. Outro fator, especialmente nas metodologias de arrefecimento ativo, é a estratégia de gestão térmica utilizada, que determina quando e durante quanto tempo o sistema de arrefecimento é ativado e o que tenta otimizar
(consumo de energia ou temperatura da bateria). Por último, são também discutidas as limitações dos nanofluidos. O seu maior defeito é a estabilidade, uma vez que as nanopartículas tendem a aglomerar-se e a sedimentar-se ao longo do tempo, o que diminui a sua eficácia e aumenta a potência de bombagem necessária. Há também uma falta de informação sobre os custos monetários e ambientais da utilização dos nanofluidos. Estudos futuros devem tomar nota destas questões e discuti-las, para que a comparação e o desenvolvimento de nanofluidos se tornem mais simples e acessíveis.

Conflitos de interesses

Os autores declaram não haver conflitos de interesses.

Referências

1. Yong, J.Y., Ramachandaramurthy, V.K., Tan, K.M. e Mithulananthan, N., 2015. Uma revisão sobre as tecnologias de ponta dos veículos eléctricos, seus impactos e perspectivas. *Renewable and sustainable energy reviews, 49*, pp.365-385.

2. Asgarian, F., Hejazi, S.R. e Khosroshahi, H., 2023. Investigando o impacto das políticas governamentais para desenvolver transportes sustentáveis e promover carros eléctricos, considerando a eliminação dos subsídios aos combustíveis fósseis: A case of Norway. *Applied Energy, 347*, p.121434.

3. Lu, L., Han, X., Li, J., Hua, J. e Ouyang, M., 2013. Uma análise das questões fundamentais para a gestão de baterias de iões de lítio em veículos eléctricos. *Journal of power sources, 226*, pp.272-288.

4. Sanguesa, J.A., Torres-Sanz, V., Garrido, P., Martinez, F.J. e Marquez-Barja, J.M., 2021. Uma revisão sobre veículos eléctricos: Tecnologias
e desafios. *Smart Cities, 4*(1), pp.372-404.

5. Katoch, S.S. e Eswaramoorthy, M., 2020, agosto. Uma revisão detalhada sobre o sistema de gerenciamento térmico da bateria de veículos elétricos. Na *série de conferências IOP: Ciência e Engenharia de Materiais* (Vol. 912, No. 4, p. 042005). Publicação IOP.

6. Abdelkareem, M.A., Maghrabie, H.M., Abo-Khalil, A.G., Adhari, O.H.K., Sayed, E.T., Radwan, A., Elsaid, K., Wilberforce, T. e Olabi, A.G., 2022. Sistemas de gestão térmica de baterias baseados em nanofluidos para veículos eléctricos. *Journal of Energy Storage, 50*, p.104385.

7. Philip, J. e Shima, P.D., 2012. Propriedades térmicas dos nanofluidos. *Avanços na ciência de colóides e interfaces, 183*, pp.30-45.

8. Thakur, A.K., Prabakaran, R., Elkadeem, M.R., Sharshir, S.W., Arici, M., Wang, C., Zhao, W., Hwang, J.Y. e Saidur, R., 2020. Uma revisão do estado da arte e um ponto de vista futuro sobre técnicas avançadas de arrefecimento para o sistema de baterias de iões de lítio de veículos eléctricos. *Journal of Energy Storage, 32*, p.101771.

9. Sidik, N.A.C., Mohammed, H.A., Alawi, O.A. e Samion, S., 2014. Uma revisão sobre os métodos de preparação e os desafios dos nanofluidos.
Comunicações Internacionais em Transferência de Calor e Massa, 54, pp.115125.

10. Sarkar, J., Ghosh, P. e Adil, A., 2015. Uma revisão sobre nanofluidos

híbridos: investigação recente, desenvolvimento e aplicações. *Renewable and Sustainable Energy Reviews, 43*, pp.164-177.

11. Wang, X.Q. e Mujumdar, A.S., 2008. Uma revisão sobre nanofluidos - parte II: experimentos e aplicações. *Revista Brasileira de Engenharia Química, 25*, pp.631-648.

12. Sidik, N.A.C., Yazid, M.N.A.W.M. e Mamat, R., 2015. Uma revisão sobre a aplicação de nanofluidos no sistema de arrefecimento de motores de veículos. *Comunicações Internacionais em Transferência de Calor e Massa, 68*, pp.8590.

13. Sólidos, Líquidos e Gases - Condutividades Térmicas (https://www.engineeringtoolbox.com/thermal-conductivity-d_429.html)

14. Touloukian, Y.S., Powell, R.W., Ho, C.Y. e Klemens, P.G., 1970. *Thermophysical properties of matter-the TPRC data series. Volume 1. Condutividade térmica - elementos metálicos e ligas. (Reanúncio). Livro de dados* (n.º AD-A-951935/6/XAB). Purdue Univ., Lafayette, IN (Estados Unidos). Centro de Informação sobre Propriedades Termofísicas e Electrónicas.

15. Zinco (Zn) - Propriedades, Aplicações (https://www.azom.com/article.aspx?ArticleID=9122)

16. Metais, elementos metálicos e ligas metálicas - Condutividades térmicas (https://www.engineeringtoolbox.com/thermal-conductivity-metals- d_858.html)

17. Condutividade térmica: Silício (https://www.efunda.com/materials/elements/TC_Table.cfm?Element_ID =Si)

18. Anandan, D. e Rajan, K.S., 2012. Síntese e estabilidade do nanofluido à base de óxido cúprico: Um novo refrigerante para um arrefecimento eficiente. *Jornal Asiático de Investigação Científica, 5*(4), p.218.

19. Sulaiman, S., Izman, S., Uday, M.B. e Omar, M.F., 2022. Revisão sobre os efeitos do tamanho do grão na condutividade térmica em materiais termoeléctricos de ZnO. *RSC advances, 12*(9), pp.5428-5438.

20. Óxido de alumínio, Al2O3 Propriedades cerâmicas (https://accuratus.com/alumox.html)

21. Melamina Formaldeído | Designerdata (https://designerdata.nl/materials/plastics/thermo-sets/melamine-formaldehyde)

22. Yuan, W., Li, D., Shen, Y., Jiang, Y., Zhang, Y., Gu, J. e Tan, H.,

2017. Preparação, caraterização e análise térmica de espuma de ureaformaldeído. *RSC advances*, 7(58), pp.36223-36230.

23. Água - Condutividade térmica vs. temperatura (https://www.engineeringtoolbox.com/water-liquid-gas-thermal-conductivity-temperature-pressure-d_2012.html)

24. Selvam, C., Lal, D.M. e Harish, S., 2016. Aumento da condutividade térmica do etilenoglicol e da água com nanoplaquetas de grafeno. *Thermochimica Ata*, 642, pp.32-38.

25. Xiang, D., Shen, L. e Wang, H., 2019. Investigação sobre a condutividade térmica de nanofluidos de alumina/nitreto de alumínio à base de óleo mineral. *Materiais*, *12*(24), p.4217.

26. Jamil, F. e Ali, H.M., 2020. Aplicações de nanofluidos híbridos em diferentes domínios. Em Hybrid *nanofluids for convection heat transfer* (pp. 215-254). Imprensa académica.

27. Asim, M. e Siddiqui, F.R., 2022. Nanofluidos híbridos - fluidos da próxima geração para gestão térmica baseada em arrefecimento por pulverização de dispositivos de elevado fluxo de calor. *Nanomaterials*, *12*(3), p.507.

28. Nanopó de Óxido de Alumínio / Nanopartículas Al2O3 gama 99,99% 5nm (https://www.us-nano.com/inc/sdetail/13036)

29. Nanopartículas de óxido de cobre (CuO) - Propriedades, aplicações (https://www.azonano.com/article.aspx?ArticleID=3395)

30. Peyghambarzadeh, S.M., Hashemabadi, S.H., Naraki, M. e Vermahmoudi, A., 2013. Estudo experimental do coeficiente global de transferência de calor na aplicação de nanofluidos diluídos no radiador do carro. *Engenharia Térmica Aplicada*, *52*(1), pp.8-16.

31. Castellanos, J.B., 2014. *Condutividade térmica de nanofluidos de alumina e sílica* (Doctoral dissertation, Minnesota State University, Mankato).

32. Nanopartículas de dióxido de silício (SiO2) - Propriedades e aplicações (https://www.azonano.com/article.aspx?ArticleID=3398)

33. Sílica - Dióxido de silício (SiO2) (https://www.azom.com/properties.aspx?ArticleID=1114)

34. Shi, H., Magaye, R., Castranova, V. e Zhao, J., 2013. Nanopartículas de dióxido de titânio: uma revisão dos dados toxicológicos actuais. *Toxicologia de partículas e fibras*, *10*, pp.1-33.

35. Permanasari, A.A., Kuncara, B.S., Puspitasari, P., Sukarni, S., Ginta, T.L. e Irdianto, W., 2019, julho. Características de transferência de calor convectiva do nanofluido TiO2-EG como fluido refrigerante no trocador

de calor. Nos *Anais da Conferência AIP* (Vol. 2120, No. 1). Publicação AIP.

36. Nanopartículas de óxido de zinco (ZnO) - Propriedades e aplicações (https://www.azonano.com/article.aspx?ArticleID=3348)

37. Óxido de zinco, ZnO, cúbico (https://www.matweb.com/search/datasheet.aspx?matguid=173a8f1e7c ec4ce7af5dc3b90d10f756&ckck=1)

38. Óxido de ferro (II, III), Fe3O4 (Magnetite) (https://www.matweb.com/search/DataSheet.aspx?MatGUID=d9822b7b 17204f34b8dd34803ae728b1)

39. Varma, K.K., Kishore, P.S. e Prasad, P.D., 2017. Melhoria da transferência de calor usando nanofluido Fe3O4 / água com inserções de fita torcida de raio de corte variável. *Revista Internacional de Investigação em Engenharia Aplicada*, 12(18), pp.7088-7095.

40. Choi, S.U., 2008. Nanofluidos: Um novo domínio de investigação científica e aplicações inovadoras. *Engenharia de transferência de calor*, 29(5), pp.429-431.

41. Wang, J.J., Zheng, R.T., Gao, J.W. e Chen, G., 2012. Mecanismos de condução de calor em nanofluidos e suspensões. *Nano Today*, 7(2), pp.124-136.

42. Tsai, T.H., Kuo, L.S., Chen, P.H. e Yang, C.T., 2008. Efeito da viscosidade do fluido de base na condutividade térmica dos nanofluidos. *Applied Physics Letters*, 93(23).

43. Bahiraei, M. e Heshmatian, S., 2018. Arrefecimento eletrónico com nanofluidos: Uma revisão crítica. *Conversão e Gestão de Energia*, 172, pp.438-456.

44. Saidina, D.S., Abdullah, M.Z. e Hussin, M., 2020. Nanofluidos de óxido de metal em resfriamento eletrônico: uma revisão. *Jornal de Ciência dos Materiais: Materiais em Eletrónica*, 31, pp.4381-4398.

45. Verma, S.K. e Tiwari, A.K., 2015. Progresso da aplicação de nanofluidos em colectores solares: uma revisão. *Energy Conversion and Management*, 100, pp.324-346.

46. Mahian, O., Kianifar, A., Kalogirou, S.A., Pop, I. e Wongwises, S., 2013. Uma revisão das aplicações de nanofluidos em energia solar. *Jornal Internacional de Transferência de Calor e Massa*, 57(2), pp.582-594.

47. Milanese, M., Micali, F., Colangelo, G. e de Risi, A., 2022. Avaliação experimental de um sistema HVAC à escala real que funciona com nanofluido. *Energias*, 15(8), p.2902.

48. Dey, D. e Sahu, D.S., 2021. A review on the application of the nanofluids. *Heat Transfer*, *50*(2), pp.1113-1155.

49. Jin, H., Andritsch, T., Tsekmes, I.A., Kochetov, R., Morshuis, P.H. e Smit, J.J., 2014. Propriedades dos nanofluidos de sílica à base de óleo mineral. *IEEE Transactions on Dielectrics and Electrical Insulation*, *21*(3), pp.1100-1108.

50. Choi, S.U., 2009. Nanofluidos: da visão à realidade através da investigação.

51. Bretado-de los Rios, M.S., Rivera-Solorio, C.I. e Nigam, K.D.P., 2021. Uma visão geral da sustentabilidade dos trocadores de calor e aplicações térmicas solares com nanofluidos: A review. *Renewable and Sustainable Energy Reviews*, *142*, p.110855.

52. Krajnik, P., Pusavec, F. e Rashid, A., 2011. Nanofluidos: propriedades, aplicações e aspectos de sustentabilidade em tecnologias de processamento de materiais. Em *Avanços no fabrico sustentável: Actas da 8ª Conferência Global sobre Fabrico Sustentável* (pp. 107-113). Springer Berlin Heidelberg.

53. Rangasamy, S., Raghavan, R.R.V., Elavarasan, R.M. e Kasinathan, P., 2023. Análise energética do tubo de calor achatado com nanofluidos para aplicações de arrefecimento eletrónico sustentável. *Sustentabilidade*, *15*(6), p.4716.

54. Halelfadl, S., Mare, T. e Estelle, P., 2014. Eficiência de nanofluidos à base de água de nanotubos de carbono como refrigerantes. *Experimental Thermal and Fluid Science*, *53*, pp.104-110.

55. Trisaksri, V. e Wongwises, S., 2007. Revisão crítica das características de transferência de calor dos nanofluidos. *Energia renovável e sustentável Reviews*, *11*(3), pp.512-523.

56. Minkowycz, W.J., Sparrow, E.M. e Abraham, J.P. eds., 2012. *Transferência de calor de nanopartículas e fluxo de fluidos* (Vol. 4). CRC press.

57. Shimberg, I., Shriki, O., Shildkrot, O., Kleeorin, N., Levy, A. e Rogachevskii, I., 2022. Estudo experimental do transporte turbulento de nanopartículas em turbulência convectiva. *Física dos Fluidos*, *34*(5).

58. El Becaye Maiga, S., Tam Nguyen, C., Galanis, N., Roy, G., Mare, T. e Coqueux, M., 2006. Melhoria da transferência de calor em escoamento tubular turbulento utilizando suspensão de nanopartículas de Al2O3. *International Journal of Numerical Methods for Heat & Fluid Flow*, *16*(3), pp.275-292.

59. Taylor, R., Coulombe, S., Otanicar, T., Phelan, P., Gunawan, A., Lv, W., Rosengarten, G., Prasher, R. e Tyagi, H., 2013. Pequenas partículas, grandes impactos: A review of the diverse applications of nanofluids. *Journal of applied physics, 113*(1).

60. Sridhara, V., Gowrishankar, B.S., Snehalatha e Satapathy, L.N., 2009. Nanofluidos - um novo fluido promissor para arrefecimento. *Transacções da Sociedade Indiana de Cerâmica, 68*(1), pp.1-17.

61. Nanotecnologia (https://education.nationalgeographic.org/resource/nanotechnology/)

62. Majhi, K.C. e Yadav, M., 2021. Síntese de nanomateriais inorgânicos utilizando hidratos de carbono. Em *Green sustainable process for chemical and environmental engineering and science* (pp. 109-135). Elsevier.

63. Timofeeva, E.V., Yu, W., França, D.M., Singh, D. e Routbort, J.L., 2011. Efeitos do fluido de base e da temperatura nas características de transferência de calor do SiC em nanofluidos de etilenoglicol/H2O e H2O.
Journal of Applied Physics, 109(1).

64. Hwang, Y., Park, H.S., Lee, J.K. e Jung, W.H., 2006. Condutividade térmica e características de lubrificação de nanofluidos. *Current Applied Physics,, 6*, pp.e67-e71.

65. Bhanvase, B. e Barai, D., 2021. *Nanofluidos para transferência de calor e massa: Fundamentos, fabrico sustentável e aplicações*. Imprensa académica.

66. Erkan, A., Tuccar, G., Tosun, E. e Ozgur, T., 2021. Comparação dos efeitos da utilização de nanofluidos (Al 2 O 3, SiO 2, TiO 2) com água de referência em radiadores de automóveis nas propriedades exergéticas de motores a diesel. *SN Applied Sciences, 3*, pp.1-13.Soleymani, S. e Jalal, R., 2018. Nanofluidos de ZnO para a citotoxicidade melhorada e captação celular de doxorrubicina. *Jornal de Nanomedicina, 5*(1).

67. Pardo Bernal, J., Pena Paras, L. e Tamayo Ramirez, R., 2017. Estudo das propriedades tribológicas de lubrificantes para possíveis aplicações biomédicas reforçadas com nanocamadas. No *VII Congresso Latino-Americano de Engenharia Biomédica CLAIB 2016, Bucaramanga, Santander, Colômbia, 26-28 de outubro de 2016* (pp. 341-344). Springer Singapura.

68. Hamad, E.M., Khaffaf, A., Yasin, O., Abu El-Rub, Z., Al-Gharabli, S., Al-Kouz, W. e Chamkha, A.J., 2021. Revisão de nanofluidos e suas aplicações biomédicas. *Journal of Nanofluids, 10*(4), pp.463-477.

69. Shokoohi, Y. e Shekarian, E., 2015. Aplicação de nanofluidos em processos de maquinação - uma revisão. *Journal of Nanoscience and Technology*, pp.59-63.

70. Kulkarni, H.B., Nadakatti, M.M., Patil, M.S. e Kulkarni, R.M., 2017. A review on nanofluids for machining. *Current Nanoscience*, *13*(6), pp.634-653.

71. Kursus, M., Liew, P.J., Che Sidik, N.A. e Wang, J., 2022. Progressos recentes na aplicação de nanofluidos e nanofluidos híbridos na maquinagem: Uma revisão abrangente. *Jornal Internacional de Tecnologia de Fabrico Avançada*, *121*(3-4), pp.1455-1481.

72. Amin, A.R., Ali, A. e Ali, H.M., 2022. Aplicação de Nanofluidos para Processos de Maquinação: A Comprehensive Review. *Nanomaterials*, *12*(23), p.4214.

73. Firouzfar, E., Soltanieh, M., Noie, S.H. e Saidi, S.H., 2011. Poupança de energia em sistemas HVAC utilizando nanofluidos. *Engenharia térmica aplicada*, *31*(8-9), pp.1543-1545.

74. Ahmed, F. e Khan, W.A., 2021. Aumento da eficiência de um aparelho de ar condicionado utilizando nanofluidos: um estudo experimental. *Energy Reports*, *7*, pp.575-583.

75. Goncalves, H.M., Pereira, R.F., Lepleux, E., Carlier, T., Pacheco, L., Pereira, S., Valente, A.J., Fortunato, E., Duarte, A.J. e de Zea Bermudez, V., 2019. Nanofluido baseado em pontos de carbono derivados de glicose funcionalizados com [Bmim] Cl para a próxima geração de janelas inteligentes. *Sistemas Sustentáveis Avançados*, *3*(7), p.1900047.

76. Ahmadi, M.H., Mirlohi, A., Nazari, M.A. e Ghasempour, R., 2018. Uma revisão da condutividade térmica de vários nanofluidos. *Jornal de Líquidos Moleculares*, *265*, pp.181-188.

77. Harrabi, I., Hamdi, M. e Hazami, M., 2023. Potencial de melhoria de nanofluidos simples e híbridos no desempenho de um aquecedor solar de água de placa plana num clima típico do Norte de África (Tunísia). *Environmental Science and Pollution Research*, *30*(12), pp.35366-35383.

78. Alotaibi, H. e Ramzan, M., 2022. Estudo comparativo de fluxos híbridos e nanofluidos sobre uma superfície curva exponencialmente esticada com lei de Fourier modificada e partículas de poeira. *Waves in Random and Complex Media (Ondas em meios aleatórios e complexos)*, *32*(6), pp.3053-3073.

79. Ibrahim, N.I., Al-Sulaiman, F.A., Rahman, S., Yilbas, B.S. e Sahin,

A.Z., 2017. Melhoria da transferência de calor de materiais de mudança de fase para aplicações de armazenamento de energia térmica: Uma revisão crítica. *Renewable and Sustainable Energy Reviews, 74*, pp.26-50.

80. Teja, P., Gugulothu, S.K., Reddy, P., Ashraf, A., Deepanraj, B. e Arasu, P.T., 2022. Estudo numérico sobre o aprimoramento térmico do material de mudança de fase com a adição de nanopartículas e a alteração da orientação do invólucro. *Journal of Nanomaterials, 2022.*

81. Ahmad, S., Abdullah, S. e Sopian, K., 2020. Análise numérica e experimental dos desempenhos térmicos dos nanofluidos SiC/água e Al2O3/água no interior de um tubo circular com fita torcida de PR constante aumentado. *Energias, 13*(8), p.2095.

82. Wole-Osho, I., Okonkwo, E.C., Abbasoglu, S. e Kavaz, D., 2020. Nanofluidos em colectores solares térmicos: revisão e limitações. *International Journal of Thermophysics, 41*, pp.1-74.

83. Bulut, E. e Ozacar, M., 2009. Síntese rápida e fácil de nanoestruturas de prata utilizando tanino hidrolisável. *Investigação em química industrial e de engenharia, 48*(12), pp.5686-5690.

84. Chakraborty, S. e Panigrahi, P.K., 2020. Estabilidade do nanofluido: A review. *Applied Thermal Engineering, 174*, p.115259.

85. Singh, A.K. e Raykar, V.S., 2008. Síntese por micro-ondas de nanofluidos de prata com polivinilpirrolidona (PVP) e suas propriedades de transporte. *Colloid and Polymer Science, 286*, pp.1667-1673.

86. Chamsa-Ard, W., Brundavanam, S., Fung, C.C., Fawcett, D. e Poinern, G., 2017. Tipos de nanofluidos, sua síntese, propriedades e incorporação em coletores solares térmicos diretos: Uma revisão. *Nanomaterials, 7*(6), p.131.

87. Ali, N., Teixeira, J.A. e Addali, A., 2018. Uma revisão sobre nanofluidos: fabricação, estabilidade e propriedades termofísicas. *Journal of Nanomaterials, 2018.*

88. Prasher, R., Evans, W., Meakin, P., Fish, J., Phelan, P. e Keblinski, P., 2006. Effect of aggregation on thermal conduction in colloidal nanofluids (Efeito da agregação na condução térmica em nanofluidos coloidais). *Applied Physics Letters, 89*(14).

89. Chen, H.J. e Wen, D., 2011. Ultrasonic-aided fabricação de nanofluidos de ouro. *Cartas de investigação em nanoescala, 6*, pp.1-8.

90. Shahsavar, A., Salimpour, M.R., Saghafian, M. e Shafii, M.B., 2015. Um estudo experimental sobre o efeito da ultrassonografia na

condutividade térmica do ferrofluido carregado com nanotubos de carbono. *Thermochimica Ata*, *617*, pp.102-110.

91. Sadri, R., Ahmadi, G., Togun, H., Dahari, M., Kazi, S.N., Sadeghinezhad, E. e Zubir, N., 2014. Um estudo experimental sobre condutividade térmica e viscosidade de nanofluidos contendo nanotubos de carbono. *Cartas de investigação em nanoescala*, *9*, pp.1-16.

92. Fedele, L., Colla, L., Bobbo, S., Barison, S. e Agresti, F., 2011. Análise da estabilidade experimental de diferentes nanofluidos à base de água. *Nanoscale research letters*, *6*, pp.1-8.

93. Vatanparast, H., Shahabi, F., Bahramian, A., Javadi, A. e Miller, R., 2018. O papel da repulsão eletrostática no aumento da atividade superficial de surfactantes aniônicos na presença de nanopartículas de sílica hidrofílicas. *Relatórios Científicos*, *8*(1), p.7251.

94. Xue, H.S., Fan, J.R., Hu, Y.C., Hong, R.H. e Cen, K.F., 2006. O efeito da interface da suspensão de nanotubos de carbono no desempenho térmico de um termossifão fechado de duas fases. *Journal of applied physics*, *100*(10).

95. Amiri, A., Sadri, R., Shanbedi, M., Ahmadi, G., Chew, B.T., Kazi, S.N. e Dahari, M., 2015. Dependência do desempenho do termossifão nas abordagens de funcionalização: um estudo experimental sobre as propriedades termofísicas dos nanofluidos de água à base de nanoplaquetas de grafeno. *Conversão e gestão de energia*, *92*, pp.322-330.

96. Li, X.F., Zhu, D.S., Wang, X.J., Wang, N., Gao, J.W. e Li, H., 2008. Aumento da condutividade térmica dependente do pH e do surfactante químico para nanofluidos Cu-H2O. *Thermochimica Ata*, *469*(1-2), pp.98103.

97. Yazid, M.N.A.W.M., Sidik, N.A.C., Mamat, R. e Najafi, G., 2016. Uma revisão do impacto da preparação na estabilidade dos nanofluidos de nanotubos de carbono. *Comunicações Internacionais em Transferência de Calor e Massa*, *78*, pp.253-263.

98. Cao, G., 2004. *Nanostructures & nanomaterials: synthesis, properties & applications*. Imperial College Press.

99. Park, K.J., Jung, D. e Shim, S.E., 2009. Transferência de calor de ebulição nucleada em soluções aquosas com nanotubos de carbono até fluxos de calor críticos. *International Journal of Multiphase Flow*, *35*(6), pp.525-532.

100. Zecha, H., 1981. Estabilização de dispersões coloidais por adsorção de polímeros. De TATSUO SATO e RICHARD RUCH.

Surfactante
Série Ciência. Nova Iorque/Basileia: Marcel Dekker Inc. 1980. 155 S., 46 Abb., 302 Lit. SFr. 58.-. *Ata Polymerica*, *32*(9), pp.582-582.

101. Sarafraz, M.M., Hormozi, F. e Peyghambarzadeh, S.M., 2015. O papel da incrustação de nanofluidos no desempenho térmico de um termossifão: Serão os nanofluidos um fluido de trabalho fiável? *Engenharia Térmica Aplicada*, *82*, pp.212-224.

102. Aseyev, V.O., Tenhu, H. e Winnik, F.M., 2006. Dependência da temperatura da estabilidade coloidal de polímeros anfifílicos neutros em água. *Conformation-Dependent Design of Sequences in Copolymers II*, pp.1-85.

103. Choudhari, V.G., Dhoble, A.S. e Sathe, T.M., 2020. Uma análise do efeito da geração de calor e de vários sistemas de gestão térmica para baterias de iões de lítio utilizadas em veículos eléctricos. *Journal of Energy Storage*, *32*, p.101729.

104. Wang, X., Zhao, Y. e Jin, Y., 2023. Progresso da investigação de tubos de calor nanofluidos na tecnologia de gestão de calor de baterias de iões de lítio para automóveis. *Tendências em energias renováveis*, *9*(2), pp.137156.

105. Xia, G., Cao, L. e Bi, G., 2017. Uma revisão sobre a gestão térmica da bateria na aplicação de veículos eléctricos. *Jornal de fontes de energia*, *367*, pp.90-105.

106. Zhao, G., Wang, X., Negnevitsky, M. e Zhang, H., 2021. Uma revisão dos sistemas de gestão térmica de baterias de arrefecimento a ar para veículos eléctricos e híbridos eléctricos. *Journal of Power Sources*, *501*, p.230001.

107. Zhao, G., Wang, X., Negnevitsky, M. e Li, C., 2022. Uma revisão actualizada sobre a melhoria da conceção e a otimização do sistema de gestão térmica da bateria de arrefecimento líquido para veículos eléctricos. *Applied Thermal Engineering*, p.119626.

108. Islam, M.R., Shabani, B. e Rosengarten, G., 2016. Nanofluidos para melhorar o desempenho dos sistemas de arrefecimento de células de combustível PEM: Uma abordagem teórica. *Applied Energy*, *178*, pp.660-671.

109. Vajjha, R.S. e Das, D.K., 2012. Uma revisão e análise da influência da temperatura e da concentração de nanofluidos nas propriedades termofísicas, na transferência de calor e na potência de bombagem. *Revista internacional de transferência de calor e massa*, *55*(15-16), pp.4063-4078.

110. Yang, L., Ji, W., Mao, M. e Huang, J.N., 2020. Uma revisão actualizada das propriedades, do fabrico e da aplicação de nanofluidos híbridos, bem como dos seus efeitos ambientais. *Journal of Cleaner Production, 257*, p.120408.

111. Pordanjani, A.H., Aghakhani, S., Afrand, M., Sharifpur, M., Meyer, J.P., Xu, H., Ali, H.M., Karimi, N. e Cheraghian, G., 2021. Nanofluidos: Fenómenos físicos, aplicações em sistemas térmicos e efeitos no ambiente - uma revisão crítica. *Journal of Cleaner Production, 320*, p.128573.

112. Até que ponto é que a temperatura afecta a autonomia dos veículos eléctricos? (https://www.geotab.com/uk/blog/ev-range/)

113. Wankhede, S. e Kamble, L., 2023. Investigação do desempenho do sistema de gestão térmica de baterias de veículos eléctricos utilizando nanofluidos como refrigerantes no software ANSYS CFX. *Armazenamento de energia, 5*(4), p.e420.

114. Kumar, K., Sarkar, J. e Mondal, S.S., 2024. Avaliação de um sistema híbrido de gestão térmica com micro-canais e arrefecimento por nanofluidos recentemente concebido para baterias de iões de lítio. *Journal of Electrochemical Energy Conversion e Armazenamento, 21*(1), p.011011.

115. Sirikasemsuk, S., Naphon, N., Eiamsa-ard, S. e Naphon, P., 2023. Análise do comportamento do fluxo de nanofluidos e da transferência de calor de módulos de baterias de iões de lítio. *Jornal Internacional de Transferência de Calor e Massa, 208*, p.124058.

116. Thorat, P., 2023. Investigação experimental da alteração dos parâmetros de desempenho no arrefecimento de baterias de iões de lítio utilizando nanofluidos. *Armazenamento de energia*, p.e451.

117. Wankhede, S. e Kamble, L.V., 2023. Um novo sistema de arrefecimento de baterias utilizando nanofluidos em MATLAB Simulink. *Armazenamento de energia, 5*(3), p.e418.

118. Weragoda, D.M., Tian, G., Burkitbayev, A., Lo, K.H. e Zhang, T., 2023. Uma revisão abrangente dos sistemas de gestão térmica de baterias baseados em tubos de calor. *Engenharia térmica aplicada*, p.120070.

119. Tubos de calor oscilantes (https://www.thermavant.com/oscillating-heat- pipes)

120. Prashanth, M., Madhu, D., Ramanarasimh, K. e Suresh, R., 2023. Uma investigação para avaliar a influência das nanopartículas de Al2O3 no desempenho térmico do tubo de calor oscilante usando o método de

design Box-Behnken. *Modelação, Experimentação e Conceção Multidisciplinares e em Multiescala*, pp.1-13.

121. Liu, S., Liu, Y., Gu, H., Tian, R., Huang, H. e Yu, T., 2023. Estudo experimental do desempenho de arrefecimento do nanofluido Y-Al2O3/fluido de transferência de calor para baterias eléctricas. *Journal of Energy Storage*, *72*, p.108476.

122. Chen, M. e Li, J., 2020. Tubo de calor pulsante à base de nanofluidos para a gestão térmica de baterias de iões de lítio para veículos eléctricos. *Journal of Energy Storage*, *32*, p.101715.

123. Zhang, D., He, Z., Guan, J., Tang, S. e Shen, C., 2022. Transferência de calor e visualização de fluxo de tubo de calor pulsante com nanofluido de sílica: Um estudo experimental. *Revista Internacional de Transferência de Calor e Massa*, *183*, p.122100.

124. Basu, S., Hariharan, K.S., Kolake, S.M., Song, T., Sohn, D.K. e Yeo, T., 2016. Modelação térmica eletroquímica acoplada de um novo sistema de gestão térmica de baterias de iões de lítio. *Applied Energy*, *181*, pp.1-13.

125. Riehl, R.R. e Murshed, S.S., 2022. Avaliação do desempenho de nanofluidos em tubos de calor em loop e tubos de calor oscilantes. *International Journal of Thermofluids*, *14*, p.100147.

126. Smaisim, G.F., Al-Madhhachi, H. e Abed, A.M., 2022. Estudo da gestão térmica de baterias de iões de lítio utilizando tubos de calor em loop com diferentes nanofluidos. *Case Studies in Thermal Engineering*, *37*, p.102227.

127. Lv, W., Li, J. e Chen, M., 2023. Estudo experimental sobre o desempenho da gestão térmica de um módulo de bateria de energia com um tubo de calor pulsante sob diferentes estratégias de gestão térmica. *Applied Thermal Engineering*, *227*, p.120402.

128. Ouyang, T., Liu, B., Wang, C., Ye, J. e Liu, S., 2023. Novo sistema híbrido de gestão térmica para evitar o descontrolo térmico da bateria de iões de lítio utilizando o arrefecimento por nanofluidos. *Jornal Internacional de Transferência de Calor e Massa*, *201*, p.123652.

129. Hasan, H.A., Togun, H., Abed, A.M., Qasem, N.A., Mohammed, H.I., Abderrahmane, A., Guedri, K. e Tag-ElDin, E.S.M., 2023. Sistema de resfriamento eficiente para células de bateria de íon-lítio usando diferentes concentrações de nanopartículas de SiO_2-água: Uma Investigação Numérica. *Symmetry*, *15*(3), p.640.

130. Hasan, H.A., Togun, H., Abed, A.M., Qasem, N.A., Abderrahmane,

A., Guedri, K. e Eldin, S.M., 2023. Investigação numérica sobre o arrefecimento de baterias cilíndricas de iões de lítio utilizando diferentes tipos de nanofluidos num sistema de arrefecimento inovador. *Estudos de Caso em Engenharia Térmica*, p.103097.

131. Alirezaie, A., Hajmohammad, M.H., Ahangar, M.R.H. e Esfe, M.H., 2018. Avaliação preço-desempenho do aumento da condutividade térmica de nanofluidos com diferentes tamanhos de partículas. *Engenharia Térmica Aplicada*, *128*, pp.373-380.

132. Elsaid, K., Olabi, A.G., Wilberforce, T., Abdelkareem, M.A. e Sayed, E.T., 2021. Impactos ambientais dos nanofluidos: A review. *Ciência do Ambiente Total*, *763*, p.144202.

133. Bhuiya, M.M.K., Chowdhury, M.S.U., Saha, M. e Islam, M.T., 2013. Transferência de calor e características do fator de atrito em fluxo turbulento através de um tubo equipado com inserções de fita torcida perfurada. *Comunicações Internacionais em Transferência de Calor e Massa*, *46*, pp.49-57.

134. Tang, X., Dai, X. e Zhu, D., 2015. Investigação experimental e numérica da transferência de calor por convecção e do fluxo de fluido em tubo espiralado torcido. *Revista Internacional de Transferência de Calor e Massa*, *90*, pp.523-541.

135. Muley, A. e Manglik, R.M., 1999. Estudo experimental da transferência de calor por escoamento turbulento e da queda de pressão num permutador de calor de placas com
placas chevron.

136. Peng, X.F., Peterson, G.P. e Wang, B.X., 1994. Características do fluxo friccional da água que flui através de microcanais rectangulares. *Experimental Heat Transfer An International Journal*, 7(4), pp.249-264.

137. Sutherland, A.J., 1967. Proposed mechanism for sediment entrainment by turbulent flows. *Journal of Geophysical Research*, 72(24), pp.6183-6194.

Printed by Books on Demand GmbH, Norderstedt / Germany